JN086306

無肥料栽培を実現する本

岡本 よりたか

笑がお書房

目次

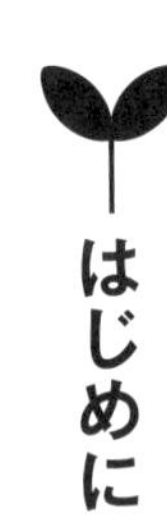

はじめに

今、地球環境がどんどん壊れています。それは人間が開発した科学や化学によって引き起こされ、最終的には人間の健康を害するという形で戻ってきます。空気、水、太陽、そして食べ物が壊され、それがさまざまな形で心や体の病として現れます。

人間は食べたもので出来ています。健康で過ごしたいのなら、それらを壊す事は絶対に行ってはならない行為です。しかし、現実には多くの行き過ぎた化学農薬、化学肥料、そして有機肥料によって、安心出来る食べものが減ってきています。

安全な食べものを手にしたいのなら、多くの人の手を介して届いた野菜ではなく、信頼できる生産者を探して、直接買うしかありません。もしくは、自分で作るという選択肢になるでしょう。自分で作るならば、もちろん化学農薬、化学肥料、有機肥料を使用せずに作る方が安心できます。

僕は『一億人総兼業農家』を提唱しています。冗談のような言葉ですが、本気で考えています。誰もが自分が食べる野菜を自分で作れるようになることが、本当の意味での食料安全保障だと思うからです。天災で食料が届かなくなっても、自分の庭や畑に食べものがあれば、生き残れます。一億人総兼業農家であれば、略奪も起きにくいでしょう。小さなコミュニティで野菜や穀物を融通しあいながら、生き延びればよいのです。

全ての野菜を作ることは難しくても、無肥料、無農薬で野菜を作れる知恵がつき、種から始まり次の種に繋げるまでを経験すれば、自然を大切にしようという意識が高まり、そして生きていくことに不安が無くなります。不安とは、「食べていけなくなるかも」という自信のなさから来るからです。

無農薬、無肥料栽培は決して簡単な栽培法ではありません。しかし、それは今までの農業での常識にとらわれていればの話であり、常識と思っていたことを疑い、真実を自然界の中から探し出すと、実は、途端に簡単で、当たり前で、そしてとても心地のよい栽培法となります。

「カッコウが鳴いたら種をまけ」。そう僕に教えてくれたのは昭和初期に産まれた、近所のおばあさんです。昔の人はマニュアルにとらわれずに、自然と対話しながら栽培をしていました。それを知った時、カレンダーという呪縛から逃れられ、農業というものがとても楽になりました。そのあとは、自然を観察しながら、作物がどうありたいと願っているのかだけを考えるようになりました。そうしたら、途端に無肥料栽培が楽しく、簡単なものになったのです。

本書は、いわゆる手順を教えるマニュアル本ではありません。あくまでも自然の摂理を知ることに重点を置きました。なぜなら、人間が作り出した効率化というシステムが、農薬や肥料を手放せなくなる呪縛(じゅばく)を作り出してしまうからです。

なぜ植物は成長するのか、なぜ成長しないのか、なぜ虫が来るのか、なぜ虫が来なくなるのか、なぜ病があり、なぜ病に勝てるのか、その答えは、全て自然界の中にあります。自然界から得られた解答は、無肥料栽培を行う上で最も大切なマニュアルなのです。

読んではいけないマニュアルとは、手順だけを教えるマニュアルです。問題と解答だけを提示し、解答に向かうための準備と『手順だけが書かれた本』です。畝(うね)の高さは何センチなのか。作物と作物の間は何センチおくのか。種は深さ何センチで何粒まくのか。そうしたことがクドクドと書かれたマニュアルでは、自然界の摂理は分かりません。分からなければ、一切の応用が利かなくなります。ニンジンの種まきの方法が書いてある本では、ニンジンの種のまき方は分かっても、イタリアンパセリのまき方が書いてなければ習得できなくなるのです。それでは何十冊も本を読み続けなくてはならなくなります。

読んでよいマニュアルとは何か。それは『ニンジンの種まきの方法を、ニンジンの種に聞く方法を教えてくれる』マニュアルです。聞き方を教われば、それがイタリアンパセリになっても同じです。

ニンジンの種は自然界の摂理にのっとって教えてくれるからです。

本書では植物はなぜ成長するのか、なぜ虫が来るのか、なぜ病になるのかについて詳しく書いていきます。これは僕が無肥料栽培を行ってきた中で、自然界から教わった真実であり、誰の物でもありせん。もちろん僕だけのものでもありません。これを読んで、ぜひ自分の栽培法として体に落とし込んでもらい、消化し、自分の知恵として身につけ、無肥料栽培を成功してください。一事は万事。一つが成功すれば、全てが見えてきます。

なお、僕の栽培法は『無肥料栽培』とだけ名乗り、自然栽培とか自然農法とは呼んでいません。それぞれに厳格なルールがあるからです。僕はルールにとらわれる事も避けたいと思っています。ルールがあるとするなら、僕が考えるルールだけです。ですので、正確に言えば『よりたか農法』なわけです。

また、肥料というものの定義も、僕独自の定義で考えています。肥料とは、企業が販売する化学肥料や有機肥料、あるいは家畜排せつ物を使用した肥料のことを言い、循環型農業で利用する自家製の植物性の肥料は含んでいません。米ぬかや腐葉土、草木灰（そうもくばい）、もみ殻くん炭などを利用することは、僕は決して不自然なことではないと定義しています。土壌微生物を増やすための行為までを否定するものではありません。要するに栽培者が安心できるもの、買う人、食べる人が安心できるものを利用するのが前提であるということです。

僕は残りの人生を、無肥料栽培の普及にかけるつもりです。また、自家採種の大切さを伝えることにも尽力します。種取りこそ、無肥料栽培の最大のポイントでもあります。この種が、今脅かされつつあります。少数の企業によって独占され、我々が自家採種することを制しさせられそうな勢いで、どんどん種にまつわる法律が変わりつつあります。

種はなんのために結実するんでしょうか。生まれてきたものには必ず役割があって、全てが有機的に繋がって生命が続きます。芽吹かない種は、芽吹いた種が次の種を残せなかった時のために待機し、待ち続けて、役割が終わったら土に戻っていく。芽吹いた種でも、他の種が次の種を残せるなら自らは枯れて、その種が育つ栄養になる。だから、種は繋がり、たくさん生み出され、たくさん地上に落ちていきます。

僕はシードバンクの設立と、無肥料栽培の種の学校に全力をかけています。その第一歩が本書です。ぜひ本書を熟読し、自然の摂理を知り、そしてご自身で無肥料栽培を始めてください。あるいは成功させてください。それが僕の最大の望みです。

〈シードバンク詳細〉

https://www.soramizu.com

第1章

基礎 編

無肥料栽培の基礎と畑設計、土づくり

植物が成長する仕組み

植物はなぜ育つのか。森を見て、街路樹を見て、それらがなぜ無肥料で育っているのか。そのように考えたことはありますか。

無肥料栽培は自然の力を最大限に利用する農法です。人が化学で生み出した肥料や農薬を使用することはありません。つまり植物の生命活動の本筋を理解し、それを妨げないように世話をしていくことになります。そのためには、まずは植物はなぜ育つのかという点を理解しておく必要があります。

植物は葉緑体によって光合成を行い、「糖」と「でんぷん」を作り出します。これを何に使用するかというと、植物の細胞を作るためでもありますが、もう一つ大きな目的があります。それは土壌微生物や虫たちを生かし、育て、集め、増やすことです。植物が作り出した糖は、維管束(いかんそく)を経由して根に送られ、少しずつ放出されます。これを餌としているのが微生物です。これを「根圏(こんけん)微生物」と言います。

また、枯れた植物の根や死んだ虫などは、最初は虫が食べて糞をし、その糞を微生物が分解します。分解された有機物は炭酸ガス、水、アンモニア、硝酸塩(しょうさんえん)、リン酸などの植物が生育するために必要な無機物、つまり元素となっていきます。光合成によって作られたでんぷんなどを利用して、植物はやがてタンパク質を生成します。細胞にはタンパク質が含まれますから、これを形成するのは大切な生体活動です。この時、土の中にあった元素を利用します。タンパク質を生成していく中で、アミノ酸が生成されます。アミノ酸は虫たちの大切なエネルギー源となります。

植物が細胞を生成するためには、窒素などの硝酸塩やアンモニアなどが必要で、それらを生成しているのは微生物なのです。窒素は、有機物の分解からだけではなく、空気中からも土壌中に取り込みます。これをやっているのが窒素固定菌です。マメ科の植物の根などに寄生する根粒菌も窒素固定菌です。

植物がなぜ肥料もなく成長していくのか。それは実に簡単なことであり、つまり太陽光と、空気と水、それによる光合成で作られた炭水化物である糖やでんぷん、そして虫や微生物たちの世界が作り上げた、土壌中の無機物、つまり元素によって植物は成長しているのです。

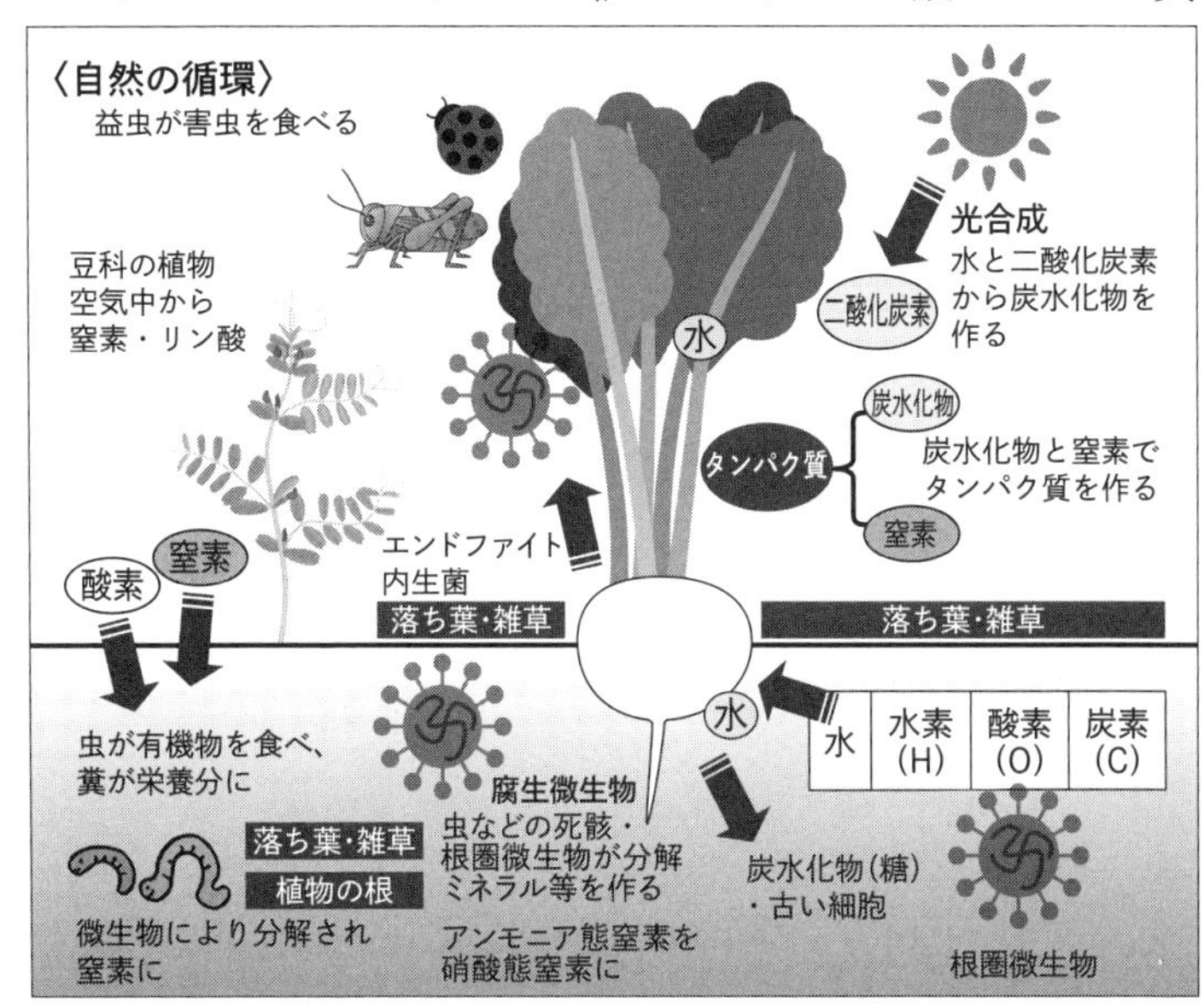

窒素の循環

無肥料栽培において、最も考えなくてはならないのは、「循環」です。自然界は命が循環しています。この命を循環させるために、地球上に存在するものは、ほぼ全てと言ってよいほど、循環の輪の中にいます。そのため、この循環を止めず、正しく行わせることがポイントとなります。

そのひとつが窒素の循環です。窒素は植物や動物にとっては不可欠な元素です。この窒素が循環することで生命は育まれます。窒素はタンパク質を生成するために不可欠なものです。窒素が存在しなければ、植物は細胞を生成できません。

窒素のもとになるものは、有機物です。樹木の葉や植物の根、死んだ虫や動物たちを虫たちが食し、あるいは糸状菌と言われる菌によって分解され、やがて好気性の細菌（酸素がないと生育できない）たちが分解することで硝酸が生み出さ

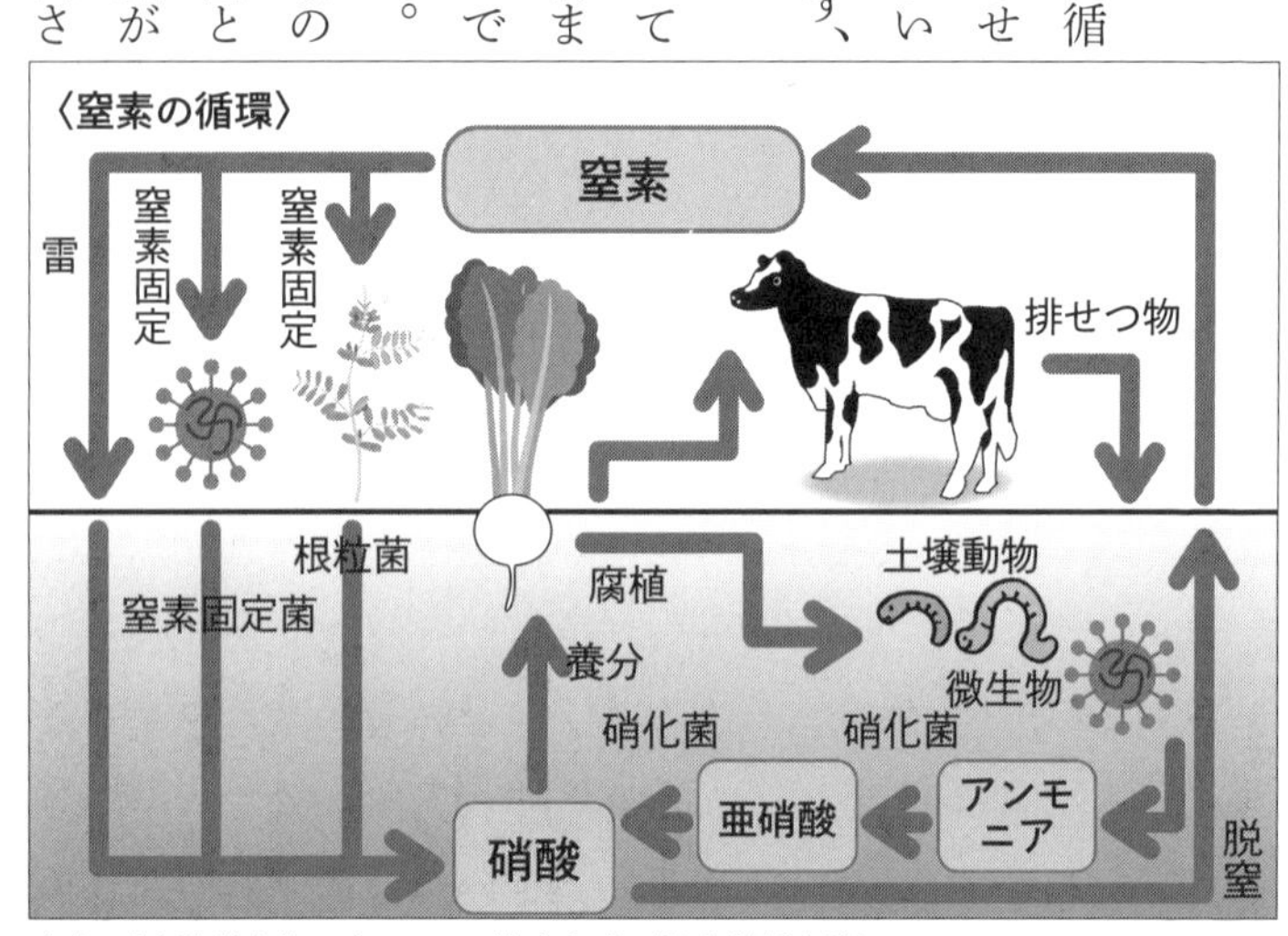

出典　「土壌微生物のきほん」　横山和成（誠文堂新光社）

れます。この硝酸を嫌気性の微生物(無酸素の状態でも生育)が窒素に変えていきます。

それ以外にも、「窒素固定菌」という微生物が地球上には存在しています。窒素が一番多く含まれているのは空気です。この空気から窒素を土壌中に固定していくのが窒素固定菌です。マメ科の植物には、根粒菌という菌が寄生しますが、この根粒菌も窒素固定菌の一種です。落雷によっても、空気中の窒素が土壌中に固定されると言われています。

土壌中に取り込まれた窒素は、植物によって消費され、余った窒素の一部は空気中に消えていきます。これを「脱窒」といいます。こうして窒素は循環していきます。この窒素の循環があるからこそ、植物は無肥料で育っていけるのです。

この循環は簡単に止まってしまいます。例えば、除草剤などによって土の中の有機物をなくすと、窒素を作るもとがなくなります。農薬によって微生物や土壌動物を死滅させるのも、窒素の循環を止めることになります。ですから、無肥料栽培では農薬や除草剤は使用しません。それらを使用してしまうと、残念ながら窒素の循環の一部を阻害してしまうからです。

窒素を循環させるために、無肥料栽培では有機物を土の中にすき込んでいくということを絶えず行います。畑というのはやはり草を生やし続けることはできないため、いやがおうでも窒素の循環は阻害されますので、畑を使ったら有機物を土に戻す。これが基本となります。

炭素の循環

植物の生育のために必要な循環は窒素だけではありません。その他にも、水やミネラルなどもありますが、大事なのは炭素の循環です。

炭素の循環は呼吸で行われることが多いでしょう。植物は二酸化炭素から酸素を作り出し、その逆も行っています。つまり植物は動物がいなくても生きていけます。しかし動物は酸素から二酸化炭素しか作れませんから、植物がいなくなれば生きていくことができません。よって、私たちが生きていくためには植物が元気に育つ必要があります。

畑においても同様のことが言えます。無肥料で野菜を育てようと思えば、まずは植物たちに呼吸

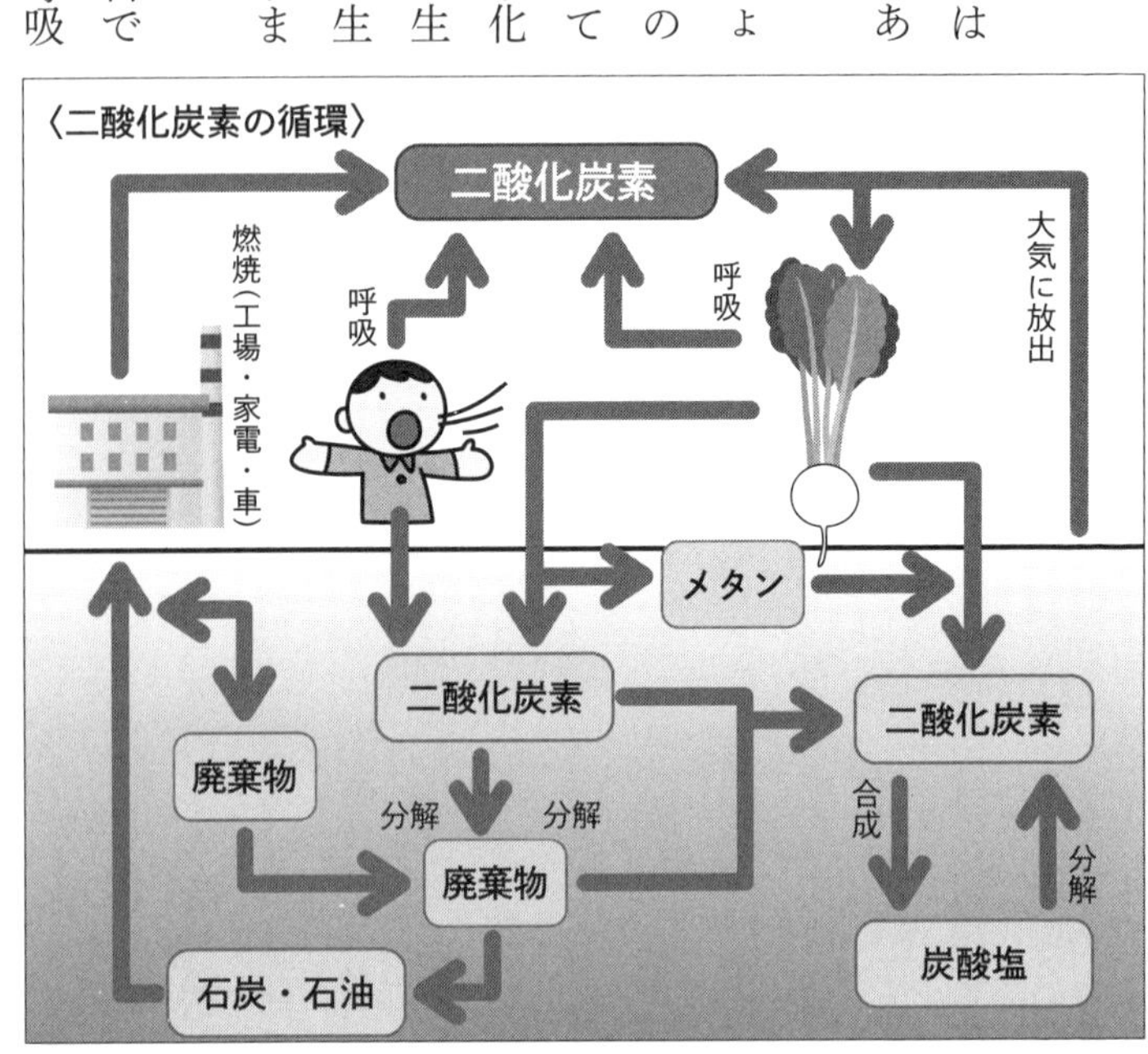

出典 「土壌微生物のきほん」 横山和成（誠文堂新光社）

してもらわなくてはなりません。自然界を見ても分かるように、土というのは裸になることがなく、必ず植物が生えてきます。そして土の表面全体で呼吸しているのです。ですので、少なくとも畝の上は植物で満たしておく必要があります。畝全体で呼吸させるわけです。そうすれば炭素の循環が始まります。

それ以外でも動物と植物の分解や燃焼によっても炭素は循環します。この炭素が循環するという大切な営みは、無肥料栽培では必要な環境です。植物が光合成をして成長するのも、動物が植物の出す酸素によって呼吸できるのも、全てこの循環があるからです。

動物が生きていれば、植物はより成長を加速させます。つまり動物が有機物を食べ、分解しますし、虫たちも植物たちの栄養を作り出していきます。土を窒息させないことが植物を成長させるためには絶対に必要なことですので、この炭素の循環が畑で起きているということを確認します。

植物の必須元素とは

植物が成長するのに必要なものと言えば、太陽や水や空気、そして土ということになりますが、その中でも土については、植物が細胞を作っていくために必要な必須元素の供給源になります。無肥料栽培とはいえ、この基本的な原理は知っておく必要があります。もちろん、だからといって、必須元素を外部から与えるということではなく、必須元素というものを枯渇(こかつ)させないという意識が必要となります。この意識を持たなければ、土はどんどん疲弊(ひへい)していくことになります。

窒素、リン酸、カリ――。よく聞く言葉です。これらは植物がたくさん使うということで「多量元素」とも言われています。これらがなぜ肥料として与えられるのか、その理由を説明しておきます。

この窒素、リン酸、カリのもととなるのは、自然界では何になるのか、それを考えてみます。

〈植物の必須元素〉

■窒素(N)⇒タンパク質を作る原料

□有機物⇒アミノ酸⇒アンモニア態窒素、硝酸態窒素に変化
□有機物を分解するのは「微生物」
□微生物は炭素(有機物)をエネルギーにして増殖する
□植物の根、土壌動物・微生物の死骸、油かす

■リン(P)

□DNA を作る
□虫の糞、米ぬか(イノシトール6リン酸)

■カリウム(K)

□草木、草木灰に多い

■炭素(C)、酸素(O)、水素(H)、カルシウム(Ca)、マグネシウム(Mg)、イオウ(S)

■N,P,K 以外は空気や水によって補充される

窒素は農業の世界では硝酸態窒素のことを指します。このもとになるのは主に有機物の中でもタンパク質になります。タンパク質が分解されて、最終的に硝酸態窒素が生み出されます。自然界でのタンパク質の供給源は、動物の死骸や植物の根になります。次にリン酸ですが、これの供給源の多くは虫の排せつ物で、この中にリン酸が含まれています。そしてカリウム。これらは葉の中に多く含まれます。葉が分解されれば、カリウムの供給が行われます。

さて、一般的な畑では次のようなことをします。まず草刈りをし、雑草が生えないように人によっては除草剤を散布します。その後に農薬や化学肥料の散布です。それにより虫たちが死滅していきます。草刈り、除草剤、農薬を続けると、実はこれらの供給源が絶たれることになります。雑草という有機物や、葉、虫たちは畑の中からいなくなりますので、窒素、リン酸、カリの供給源が絶たれ、結果、それらを供給しなければならなくなります。窒素は葉や茎を作る、リン酸は実をならす、カリウムは根を作ると言われているからです。

自然界の中で必要最低限の草刈りだけをしていれば窒素やカリウムは失われませんし、虫を殺さなければリン酸の供給も絶たれません。逆に言えば、無肥料、無農薬栽培では、草も虫も利用しますから、必須元素が常に供給されているということになります。

その他に必要な多量元素は、マグネシウムやカルシウムで、これらもとても重要な元素となります。

日本の雨は酸性雨ですので土壌が酸性になりがちです。それを植物が成長しやすい弱アルカリ性や弱酸性、中性にする必要があります。そのために、自然界では落ち葉が堆積(たいせき)し、落ち葉が持つカリウム、カルシウム、マグネシウムなどのアルカリ性のミネラルの供給を行っています。しかし、畑となると、堆積した落ち葉は取り除いてしまいますので、アルカリ性になりにくくなります。そこで、通常の畑では苦土石灰(くどせっかい)と言われる、アルカリ性の資材を投入します。

無肥料栽培においてはそれらを投入することはありませんが、無肥料栽培でもこのアルカリ性のミネラルであるマグネシウムやカルシウムの供給が必要になりますので、さまざまな方法で枯渇しないように管理していく必要があります。また、このミネラルが不足すると、窒素やリン酸やカリウムという三大元素の吸収も悪くなりがちですので、とても大事なミネラルと言えるわけです。

その他、酸素、水素に関しては、雨や植物の呼吸で補充されますので、人があえて意識的に供給するという必要はありません。炭素に関しては、植物の呼吸という形で供給されていきます。

このように、自然界では植物が成長するための必須元素の中の多量元素というものは、自然と供給されていくものです。雑草が生え、虫たちが息づくだけで、土はどんどん豊かになっていくということです。近代農業の欠点はそこにあります。植物が成長するための必須元素を畑から奪い取ってしまうので、わざわざ人が肥料という形で与えてあげなければ作物が育たないという状態になるのです。

微量元素（ミネラル）

必須元素はいわゆる微量元素、つまりミネラルも含まれます。作物を育てるために土壌においては、むしろこちらの方が重要とさえ言えるほどです。多くの畑には、今まで過剰と思われるほどの窒素やリン酸、カリウムが施肥（せひ）されてきました。そのため、この微量元素の相対比が下がり、全体のミネラルバランスが狂う原因となっています。もちろん、ミネラルのことを考えた施肥技術も存在するのですが、やはり窒素、リン酸、カリという3大元素の供給割合が多いのが現状です。

さて、無肥料においても、同様にこのミネラルバランスを考えておく必要があります。ミネラルとは主に次のようなものです。

マンガン(Mn)、鉄(Fe)、銅(Cu)、ホウ素(B)、亜鉛(Zn)、モリブデン(Mo)、塩素(Cl)。

無肥料栽培では、これらを単体で施肥することはありませんが、これらが足りなくなれば植物の成長に大きな支障が出ますので、土の中

■**マンガン（Mn）、鉄（Fe）、銅（Cu）、ホウ素（B）、亜鉛（Zn）、モリブデン（Mo）、塩素（Cl）**

□有機物を微生物が分解して作り出す
- タンパク質分解菌群
- セルロース分解菌群
- 油脂分解菌群
- でんぷん分解菌群

□作り出した微量元素はキレート作用（金属と結合して金属の影響を抑えることにより生じる）によって土を構成する砂粒に接続される

□微量元素不足
- 味の低下、栄養素の低下、抗酸化作用の低下、抵抗力の低下

□微量元素の偏り
- 連作障害を引き起こす

のミネラルバランスが狂っていないかを確認していく必要はあります。

例えば、ミネラルのもとになるものは何かと考えます。ミネラルとは主に金属系の元素です。これらの多くは草木の中に含まれています。つまり正しく成長した草木には、ミネラルがしっかりとバランスよく含まれているということです。病気になっていない限り、雑草の中にもミネラルは含まれていますし、秋になり、正しい時期に正しく落葉する葉には、ミネラルがたくさん含まれています。ミネラルが正しいバランスで含まれるようにするには、つまり、土の中に、これら雑草や葉が分解されて存在すればよいことになります。

ただし、単純に雑草をそのまま土の中に入れればよいということではありません。自然界においては青い草が土の中に入ることはありません。通常は青い葉が枯れ、窒素が抜けた状態で朽ちていきます。枯れた草はやがて微生物たちによって分解されて土に戻っていきます。無肥料栽培でも雑草や葉を土の中に戻していくことでミネラルを補給しますが、そのために、いったん、草木を枯らしてから、あるいは燃やしてから供給する必要があります。燃やすことで窒素や酸素が抜け、金属系の元素だけが残ります。その中に、微量元素、つまりミネラルが残っているということです。多量元素であるマグネシウム、カリウム、カルシウムも残っています。この燃やした後の「草木灰(そうもくばい)」を土の中に供給すると、ミネラルの供給が可能になるということです。

僕の無肥料栽培でも、草木灰をよく利用します。土から生まれたものは土に返すために、雑草を刈り取り、その場で朽ちさせて分解させるか、燃やして草木灰として与えます。これらのミネラルが不足していくと、作物が「連作障害」を起こすということが分かってきました。ミネラル不足によって引き起こされる微生物バランスの狂いが、その原因と言われているのです。

連作障害とは、同じ作物を翌年同じ場所で栽培すると、病気になったり、成長が著しく悪くなったりすることを言います。ナス科やマメ科でよく起きる現象であり、農家は、翌年は場所を変えて栽培するのが当たり前となっています。しかしよく考えてみれば、自然界は連作障害など起きてはいません。自然界では種はその場にこぼれ、翌年同じ場所で芽吹くのが当たり前だからです。つまり連作障害は人間が作り出した問題だということが推測できます。

正しいミネラルバランスがとれると、正しい微生物バランスが生まれ、連作障害を防ぐことができます。難しいようで、実は簡単なことです。ミネラルバランスが狂わないように、たくさんの種類の作物を同じ場所で栽培することで、ミネラルバランスが整います。作物ごとに使用するミネラルが違い、共生する微生物が違うからです。僕の無肥料栽培では、いわゆる『コンパニオンプランツ』という方法を取り入れ、色んな種類の野菜は一つの畝で作るようにしています。たったこれだけで連作障害は防げるのです。

7つの植物ホルモン

植物ホルモンは、植物が成長するために必要なホルモンのことで、さまざまな条件によって分泌されます。例えば、アブシジン酸は種の中で発芽を抑制するホルモンです。このホルモンが分解されることで種子は発芽をしていきます。オーキシンやジベレリンは、果樹や果菜類などが実をつけるときに分泌されます。

ナス科の植物などは、花粉がめしべに着くと、オーキシンやジベレリンを分泌します。このホルモンにより、ナス科などは着果(ちゃっか)を始めるので、着果を確実にするために、合成オーキシンや合成ジベレリンを散布したりすることがあります。

種なしブドウなどを栽培する場合、ブドウが受粉する前にこのジベレリン液に漬けることで、着果を促し、受粉しないで実をつけさせることで、種をつけさせないという技術です。これらは人間が意図的に行うことですのでとても不自然な行為ですが、植物ホルモンによって

〈7つの植物ホルモン〉

■オーキシン　（成長促進・細胞肥大）
■ジベレリン　（細胞伸長・細胞分裂）
■サイトカイニン　（細胞分裂・芽の成長促進）
■アブシジン酸　（落葉促進・休眠維持）
■エチレン　（果樹成熟促進・休眠打破）
■ブラシノサイド　（成長促進・茎伸長促進）
■ジャスモン酸　（障害ストレス対応・落葉促進）

刺激・共生・接触・破壊により分泌

植物が成長をしたり、着果するのだということはお分かりいただけるでしょう。

では、どうすれば植物ホルモンが分泌されるのか。もちろん科学的なアプローチは必要ですが、無肥料栽培でできるアプローチというのは作物の管理しかありません。植物ホルモン、特に成長に関係するホルモンというのは、植物に与えられるストレスによって分泌されるものです。

例えば風が強く吹く、寒さで冷たくなる、あるいは熱くなる、行きたくない方向へ押し戻される、虫が食うなどです。風が強い場所に育つ植物は幹を太くするとか、麦は踏まれると分(ぶん)けつして数を増やすとか、折れたところが太くなるなどです。特に、刺激・共生・接触・破壊などで分泌されますので、植物を触る、手入れする、誘引するという行為が結果的に作物の成長を促します。あるいは、近くに自分たちと全く違う性質の植物が育っているというのも大切です。これが共生です。色んな野菜をコンパニオンプランツという方法で同時に植えて育てる方法で成長を加速させます。

それ以外にも風で揺れるように畑を設計するとか、隣同士の植物が触れ合うように育てるとよく育つということがあります。これはニンジンのように密植するとよく育つ植物にある特性です。こうした人間による管理というのが、植物を育てる大切な手段なのです。

土とは

まず、作物を育てるには、土について知っておく必要があります。土はどうやってできているのか、基本的なことになりますが、土の原体となるのは、主に粘土です。数十億年前、最初に岩山があり、それが雨により浸食し、川となって流れ、平野ができます。この平野は粘土状態で、酸素やケイ素、アルミニウムなどで構成されています。ここに水がたまり、苔が生え、そして植物が芽生え、虫が現れ、その植物や虫が死に、それらが分解して植物の栄養素となる窒素やリンやカリ、その他のミネラルなどの元素が生まれてきます。その元素が粘土にくっついたものが土です。粘土はマイナスに帯電しており、元素はプラスに帯電しているので、引き合ってくっつくのです。

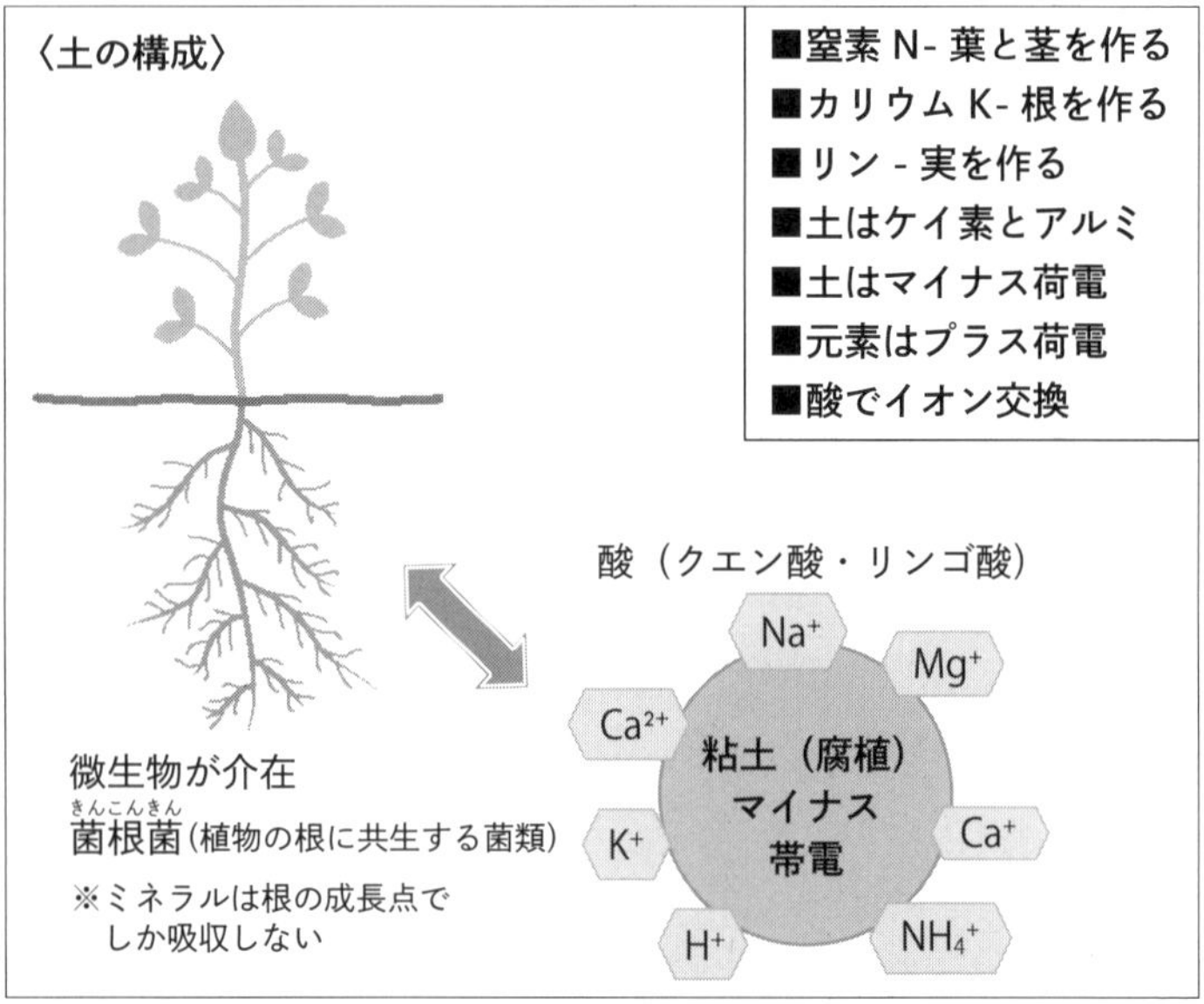

〈土の構成〉

■窒素 N- 葉と茎を作る
■カリウム K- 根を作る
■リン - 実を作る
■土はケイ素とアルミ
■土はマイナス荷電
■元素はプラス荷電
■酸でイオン交換

酸（クエン酸・リンゴ酸）

Na^+　Mg^+　Ca^{2+}　Ca^+　K^+　H^+　NH_4^+

粘土（腐植）
マイナス
帯電

微生物が介在
菌根菌（きんこんきん）（植物の根に共生する菌類）
※ミネラルは根の成長点でしか吸収しない

粘土にくっついた元素の多くは、窒素、リン酸、カリウムなどです。窒素は植物の葉や茎を作るのに多く使われ、リン酸は実を生らすために、カリウムは根を作るために使われると言われます。もちろん、それだけではありません。全ての元素を使って植物は成長していきます。

さて、この粘土にくっついた元素、つまり栄養分を植物はどうやって使っていくかです。それは植物の根が大きく関係しています。植物の根の構造は種類によって色々違いますが、「双子葉(そうしよう)植物」と言われる、最初に双葉が出る植物の場合、直根(主根)と側根に分かれます。主根はおおむね下に伸び、水を探しに行きます。横に伸びる側根は栄養を探しに行きます。そして側根からは毛細根が伸びます。この毛細根が大きな役割を果たします。

毛細根の先には実は非常にたくさんの微生物がいます。これが「根圏微生物」です。植物は毛細根の先から根酸、主にフルボ酸やフミン酸を出し、キレート状態を壊して砂粒から元素を切り離します。ミネラルはフルボ酸によってイオン化し、イオン交換で吸収されますが、ミネラルのうちのリン酸などは、根圏微生物が植物の根に橋渡ししてくれます。その代わり植物は光合成で生み出された糖などの炭素化合物を与えます。つまり共生関係にあるわけです。ちなみに、僕の栽培では、苗の定植などをする場合、水の中に300〜500倍程度に薄まるようにお酢を混ぜることがあります。これにより作物の栄養吸収を活性化させるということです。

団粒化とは

有機物を分解し、植物が成長するための必須元素を生み出すのは土壌動物や土壌微生物です。土壌微生物には、糸状菌、放線菌、細菌などがありますが、これらの多くは空気を必要とする好気性の微生物です。もちろん空気を必要としない嫌気性の微生物の力も借りるわけですが、まずは好気性の微生物がたくさん存在しなくてはなりません。

そのために、土壌の中には空気が必要です。さらには保水する力や必要のない水は流し出す物理的な構造、そして土壌動物が動き回れる、すき間のある土の構造が必要です。この条件が整っている土を「団粒化した土」と言います。

土の構造について、先に書きましたが、土はマイナスに帯電した粘土に、プラスに帯電した元素がくっついたものです。粘土はプラス帯電の元素に包まれた状態なので、有

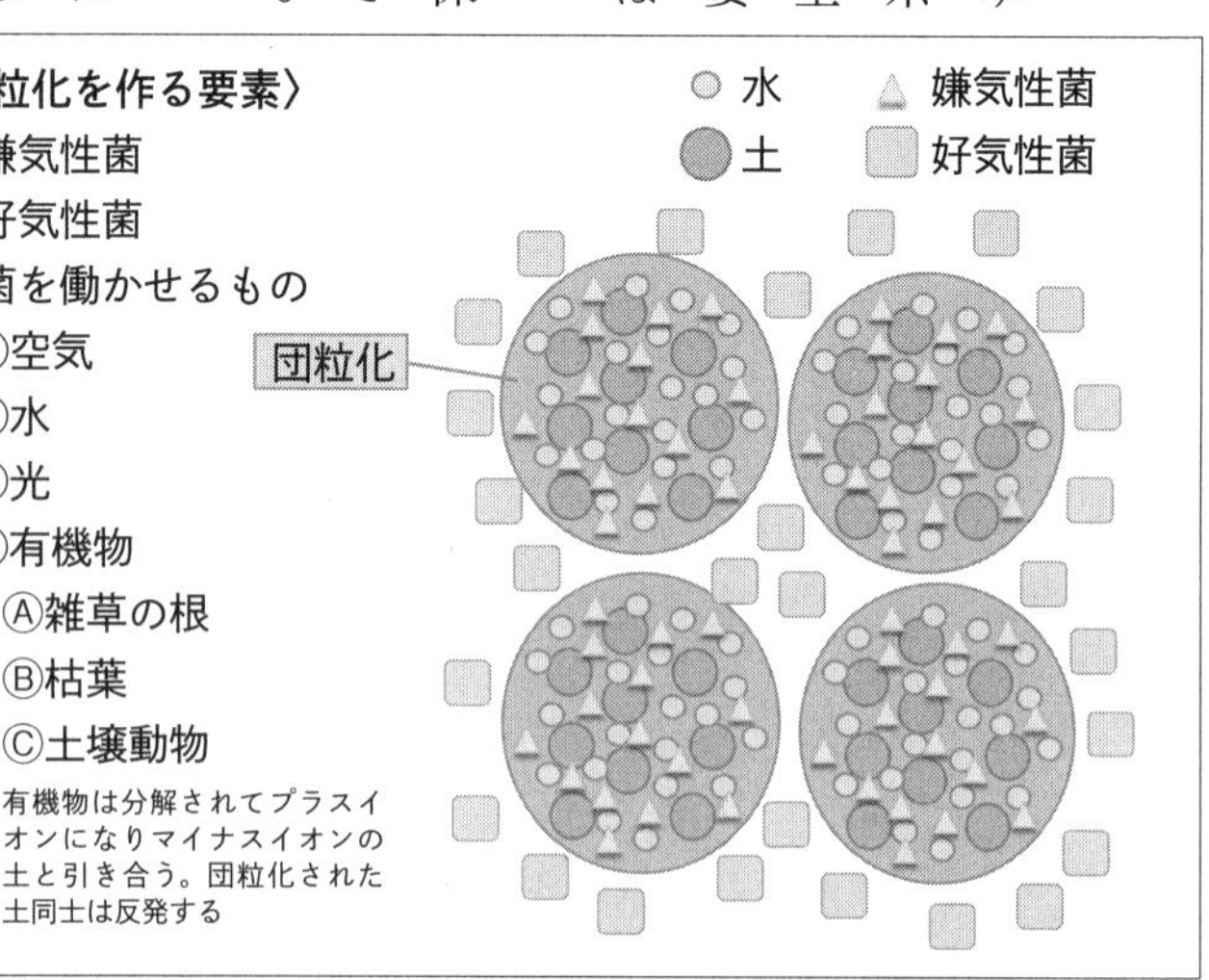

機物の分解が進むと、それらの土は反発しあい、少しずつすき間ができ、団粒化します。この団粒化を作り出すのが土づくりでは大切なポイントです。

では、どうするかと言えば、土の中に絶えず有機物が存在する状況を作り上げることです。例えば植物の根っこです。種を落として地上部が枯れた植物の根は、土の中では分解対象となる有機物です。それらが微生物によって分解されれば、土の中にすき間ができるだけでなく、プラスに帯電した元素が生み出されて、やがて団粒化していきます。もちろん、土壌動物が地上の有機物である葉などを食べ、土に潜って糞をすれば、それも微生物によって分解されて、団粒化を推し進めます。つまり団粒化する土を作るためには、土の中に虫がいる状態を作り上げること、そして有機物を欠かさないことです。

雑草が生えれば植物の根っこが増えますので、もちろん有機物の供給になります。しかも、雑草は光合成を行った後の生成物である糖を根に送りますので、微生物である細菌もどんどん増えていきます。

ただし、雑草は大変生命力が強い植物です。なぜなら、その地を何百年も生き続けた最強の在来種だからです。そのため、作物が負けてしまうことがあります。そこで作物の周りに、雑草ではなく葉野菜をたくさん育てる方法を僕は推奨しています。つまりコンパニオンプランツです。葉野菜は小さいうちに刈り取りながら畝のメンテナンスをしていきます。

根の仕事（正しい水やり）

植物の根はどういう仕事をしているのか、それを知ることは栽培にとってはとても重要なことです。僕は植物の体は「根」の方であるとよく話しています。主根は水を探しに行きます。つまり植物は、水は下から吸い上げるという形で給水します。水は雨のように上から落ちてきますので、植物は上から水を吸っているイメージがありますが、実際には、水は土の中に染み込み、やがて地下水まで到達し、あるいは土の中の粘土質の部分である「硬盤層」と言われる層にたまります。植物はそこにたまった水を吸い上げています。つまり水は下にあればよいということになります。

よく間違った水やりをされる方がいます。植物にとって光合成を行うためには水が必要ですが、水は土

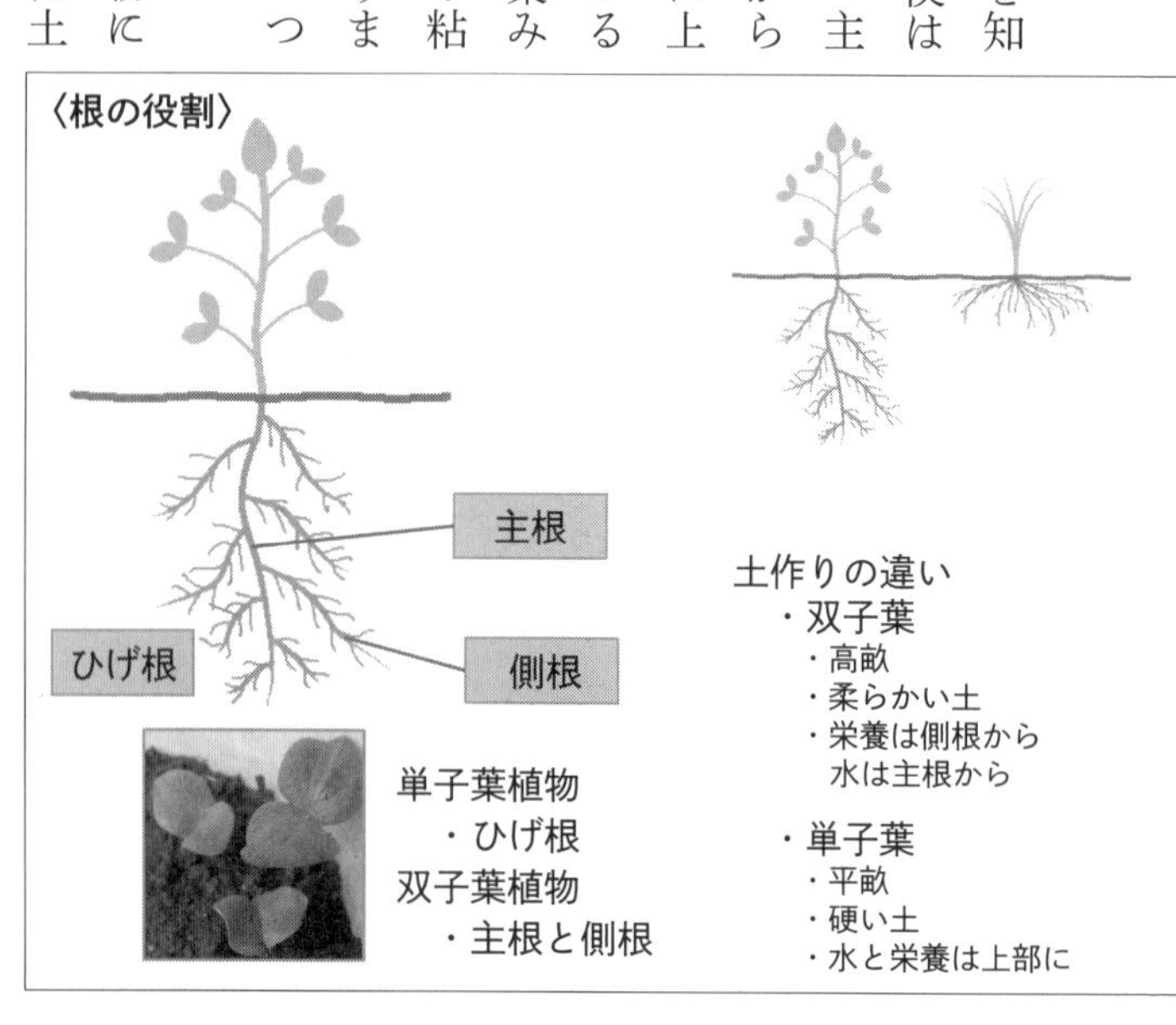

から吸い上げるという植物の性質を無視して、上からたっぷりと水あげをしてしまうのですが、実はこれが植物を病気にさせる最大の原因です。植物の葉は水を嫌います。雨が降ってきても葉についたろう成分や油脂で水を弾いて、地上に落としてしまいます。つまり葉からは水を吸っていないのです。その逆は行います。葉の裏側には気孔があり、そこから水分を出すことはあります。しかし水は吸わないのです。

雨が降ってくると、水が地面に降り注ぎ、水が跳ね返って葉の裏側にくっついてしまうことがあります。そのときに、土壌表面にいた病原菌が葉の気孔に付着し、そこから中に侵入してしまうことがあります。あるいはいつも土が濡れていると、地上部の湿度が高くなります。作物の病気の多くはカビによるものです。土が濡れていると、葉が病気になって弱ってしまい、そこからさらに病原菌が侵入してしまうこともあるのです。また、葉の表面には「葉表微生物」という微生物がいます。病気や虫食いから植物を守っているのですが、水によってそれを洗い流してしまう可能性もあります。

植物の病気というのは、カビから始まり、このカビを作る原因の一つが、人による間違った水やりということになります。植物にとって水は必要ですが、間違った水やりは気をつけなくてはなりません。水をあげるとしても、植物の上からかけるのではなく、「植物が育っている土を濡らす」というイメージが大切です。

微生物たちの仕事

土壌と植物の関係を見るとき、土壌微生物のことを考えておく必要があります。微生物とは微小な生物のことであり、バクテリアなどの細菌のことだけを指すわけではありません。小さな土壌動物やカビなども微生物の一種です。

有機物は微生物から見ればとても大きな物になりますので、通常はすぐには分解できません。まず虫などの大きな動物が有機物を食べ、それを糞として排出した後に細菌類が分解します。もしくは微生物の中でも糸状菌と呼ばれる、キノコやカビなどの種類の微生物が有機物を分解していきます。その後、小さくなったものを細菌が分解します。これらの微生物を「腐生微生物」と呼びます。

自然界の土の上に落ちた草はやがて枯れて分解していきますが、これを「枯草菌(こそうきん)」の強い分解力で分解していきます。枯草菌は生きた植物にも存在しますが、生きている場合は分解せず、落葉樹や枯れて根の活動が終わると、途端に有機物を分解していく菌です。この菌を土壌中に増やせば、有機物は素早く分解するため、枯草菌が増えやすい、水分量20％以上、20～50度の間を保つように土

〈腐生微生物〉

□細菌、放線菌、糸状菌(しじょうきん)、酵母菌、乳酸菌

□ビシウム菌・バチルス菌（枯草菌）

・有機物を分解し元素を作る

・糠には酵母菌、乳酸菌

・糸状菌⇒糖化 納豆菌・酵母菌・放線菌
⇒ビタミン・ミネラル・繊維分解

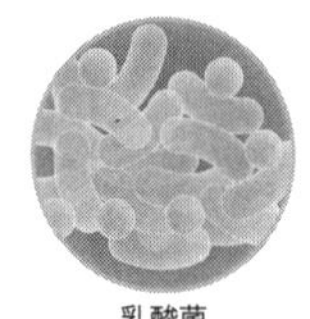

乳酸菌

の状態を保てば、分解が早くなります。

土の中で速く有機物を分解させ、腐植が多く、団粒化した土を作ろうとするならば、土の中に枯葉を混ぜ、水をかけ、そして温度をあげるために米ぬかなどを入れて、米ぬかの酵母菌、乳酸菌を利用して発酵させ、温度を上げます。これが無肥料栽培の土づくりとなります。

その他に、糸状菌は葉だけでなく、木質系の枝なども分解できる強い菌です。そのため、葉や枝混じりの有機物に水と米ぬかをかけて保温すると、最初に糸状菌が現れ、木質系のものを分解していきます。ここで注意しなくてはならないのは、糸状菌は生きた植物も、枯れた植物も見分けがつかないので、植物の根っこまでをも分解してしまい、病気を発生させたり、枯らしてしまうということです。

先に書いた土と枯葉と米ぬかと水を使って、有機物の分解を速め、たい肥を作る場合は糸状菌が増えても構いませんが、糸状菌が増えている間は、その土を畑に入れると、植物に問題が起きます。畑の隅でたい肥を作って糸状菌が消えてから使用する方がよいでしょう。

微生物たちの仕事2

微生物には有機物を分解するもの以外に、植物と共生関係にあるものも存在します。これらを「寄生微生物」、または「共生微生物」と呼びます。

共生微生物で最も有名なのが菌根菌です。菌根菌は植物の根に共生し、土壌中のリンなどの元素を植物に与えて、根の老廃物や根が出す糖をもらって生きてます。

根粒菌という菌は、マメ科の植物などの根に潜り込み、植物に空気中の窒素を与えるということをしています。同じく植物から光合成で作られた炭素化合物を得て生きています。

植物と共生する菌の数はかなり多く、菌根菌の中のVA菌根菌だけで、150種類ほど存在し、植物によってその種類が違っていると言われています。つまり植物に多様性を持たせると、微生物の世界でも多様性が生まれるということです。

〈微生物の種類〉

■寄生（共生）微生物

□菌根菌、根粒菌
- 菌根菌は、根に共生して、リン酸や窒素を与えて、炭素化合物を得て成長
- 根粒菌は、マメ科の植物の根に入り、窒素を与え、炭素化合物を得て成長
- VA 菌根菌（6 属 150 種）

■エンドファイト

□病気を守る
□虫の食害を防ぐ

ちなみに、このような菌たちを「エンドファイト」と呼ぶこともあります。エンドファイトは、植物を育てる以外にも、植物を病原菌から守るという仕事も請け負っているのです。これらの微生物を増やすことが、植物の健康を守ることであり、微生物を増やすには、植物が十分に光合成できる環境にすること、農薬などを与えて微生物を殺さないこと、適度な湿度や温度を保てるように、土を裸にしないこと。あるいは紫外線から守ること、もっと言うならば、土壌を弱アルカリ性にすることです。微生物は酸性土壌では生きていくのが難しいので、葉などを土に戻していき、カルシウム、カリウム、マグネシウムなどが枯渇しないように注意して、弱アルカリ性土壌を守るようにすることです。

さらに、葉表微生物という微生物もいます。これもエンドファイトの一つです。これらの微生物も、植物を病気から守るのはもちろん、虫食いからも守ります。虫に葉が食われると、毒物を出すのも、この葉表微生物がいるからであり、隣の葉に警戒信号を出すのも、この微生物たちです。

植物は微生物と共生しています。人間が腸内細菌と共生しているのと同じことです。この『微生物がすみやすい環境をつくること』が、無肥料栽培で最も大切なことなのです。

土について大事なこと

植物を育てるのは太陽と空気、風、水、そして土。土の中の土壌動物と土壌微生物であることはお分かりになったと思います。特に微生物を減少させない、あるいは増やすということは、無肥料栽培においてはとても大事なことです。

自然農法などでは、よく土は「耕すな」という話を聞きます。畑の土を耕すことで生物相（一定の場所における生物全種類）を壊してしまい、自然環境が壊れ、作物が成長しにくい環境になってしまうというのが原因です。しかし、現実問題、畑というのはすでに開墾（かいこん）から始まり、そこにあったはずの樹木は取り去られていますし、雑草なども抜かれたり、刈り取られたりしている場合がほとんどなので、すでに壊れているという前提で考えなくてはなりません。

「耕すな」ではなく、「耕さなくてよくなる土を作れ」が正し

〈土づくりのポイント〉

■微生物

□微生物がすみやすい環境を作る
・温度は 20 ～ 30 度
・空気が適度にあること。水が適度にあること。太陽を適度に感じること

■有機物

□微生物の餌となるものを絶えず欠かさない
・小さな植物を一緒に植えておく
・小さな植物の根っこは取らずに残しておく
・腐葉土などを利用する

腐葉土

いということです。そのためにどうするかというと、微生物がすみやすい環境を維持するということになります。微生物というのは生き物です。多くは好気性の微生物ですので、まずは空気が必要となります。

さらには、太陽光を感じることです。さらには温度が適切であることです。硬く締まった粘土質の土では微生物はすみにくい環境となります。そのような環境の場合は、土を起こす、つまり「耕す」ということも必要な行為となります。また、水も必要ですから、水持ちのよい土であること、そして水を持ちすぎないということも必要ですので、耕すという行為はやはり必要です。

微生物は生き物ですから、当然植物がそこに存在する必要もあります。それらが微生物に食べものを与えるからです。例えば、作物の根、あるいは作物の周りに生える小さな植物や、枯れた葉を有機物として土の中に残す必要があります。生きた根っこがあることで、微生物はその根にすみついて、糖を与えてもらうという、共生関係も生まれます。

無肥料栽培とはいえ、そこに土があればよいというわけではありません。そこには生きた植物、枯れた植物も必要ということです。それらが植物を育てる栄養となり、微生物を育てる餌となるわけです。

葉の仕事（内生菌の活用）

次に、葉の役割について知っておく必要があります。葉は誰もがご存知のように光合成をするという大きな仕事があります。光合成は太陽と空気と水を利用し、葉緑体が炭水化物を合成するという化学反応です。この時にできるのが、糖やでんぷんです。この炭水化物は植物の体内に保存されていますが、根にも送られます。根に送られた糖は、根の先から放出され、根の周りにいる根圏微生物の餌となります。植物は根圏微生物と共生関係にあるのは前に書いた通りです。栄養を吸収するためには必ず必要な存在です。

もちろん糖やでんぷんですから、作物の甘味成分となります。そして、でんぷんなどは土壌の窒素やミネラルを利用しながら、タンパク質に変換され、糖とともに植物の細胞を構成する一部の物質となっていきます。

葉は、朝方に水滴がついていることがあります。この水滴は朝露

〈葉の仕事〉

■光合成

□炭水化物を作る

■溢泌液（いっぴつえき）

□不必要な水分とミネラル の放出

■病気を守る

□エンドファイト（内生菌）

■虫の食害を防ぐ

□植物同士のコンタクト

の場合もありますが、植物自身が出している溢泌液である場合もあります。これは水分調整のために出すものですが、この中に、植物が不必要となったミネラルなどの元素が含まれていると言われています。窒素が多い畑だと、硝酸態窒素を植物がたくさん持っているので、この水滴を使って、外に出していると思われます。この水滴が蒸発すると、中に窒素があり、そのにおいをかぎつけて虫が来るのではないかと僕は考えています。窒素は多すぎると虫食いが激しくなるので、注意しなくてはなりません。

また、前述した葉の表面の葉表微生物は、植物が病気になるのを防いでいます。人間の常在菌と同じで、葉から侵入してくるバクテリアを阻止しているのです。この常在菌である微生物は農薬などで死滅してしまうことがあります。死滅してしまえば無防備になるので、植物は病気がちになります。

しかも、葉の表面が虫に食われると、虫を殺す化学物質を出す場合もあります。虫に食われた葉は、他の葉が食われないように微生物同士で連絡を取り合っているとさえ分かってきました。農薬をかけると、病原菌は死滅しますが、作物の防御機能も奪ってしまうことになりかねません。

月を見よ

種まきには時期というものがあります。もちろん、太陽の高さ、気温、湿度などの条件ということになりますが、もう一つ大事な時期が満月に近い日ということになります。これにはいくつかの理由があります。一つは地下水の位置です。地球は月の引力によって、呼吸をしています。満月の時と新月の時では地下水の水位が変わります。満月の時は地下水位が上がっているので、種をまいた後、地下水によって表面近くまで土が濡れて種が吸水を始めます。また、種は発芽するのに光を必要とするものがあります。それを好光性種子（こうこうせいしゅし）と言います。この光とは月光、つまり太陽光が月に反射して届く光のことです。種子は月明かりがある方が、発芽率が上がると言われています。さらには、この月光には種子を病気から守る力もあるとさえ言われています。

■月の明かり

□種子の発芽には月光が必要である
□月の光子が種子の病気を防ぐ

■月と雨

□雨によって土壌が濡れた後の月光は、より発芽が促される

■月と引力

□満月に近い方が月と太陽の引力が均衡する

■農業は旧暦で行う

■種まきは満月に向かうとき

■果菜類、豆類の作物は満月に向かうときに収穫

■葉野菜、根菜類は満月をすぎてから収穫

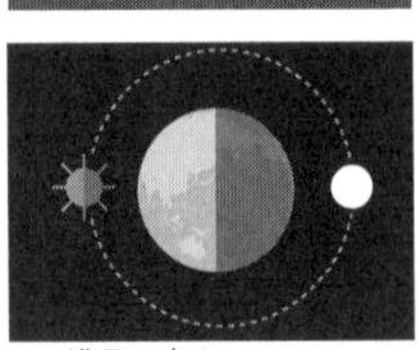

満月の時は
太陽・地球・月が並ぶ

満月に向かっているときに種をまくほうがよい理由には、もっと分かりやすい理由もあります。満月と新月では月と太陽と地球の並び方が変わります。満月の時は、太陽・地球・月と並びます。新月では太陽・月・地球となります。太陽と地球、月と地球、どちらも引力によって引き合っています。これを地球の地表面を中心に考えた場合、新月の時は、地表面に対し、月も太陽も同じ方向に力が働きます。一方、満月の時は、地表面に対し、月が上に、太陽が下に引っ張ります。昼夜は逆転しますが、どちらにしろ、月の引力と太陽の引力が均衡することになります。このように月と太陽の引力が均衡している方が、根が張りやすくなります。

種が根を出すときは、まだ小さな細い根ですから、あまり力はありません。種子は、最初は根を張ることから始めます。この根がちゃんと伸びないと、地上部にしっかりとした芽が出来ません。新月の時は、太陽と月が同じ方向に引っ張るため、地表面に対する引力が強く、根が張る前に、芽がひょろひょろと伸びてしまう可能性が高くなるのです。

他にも、葉野菜の収穫の時は、作物の水分が葉に行きわたる満月の方がよいとか、水分が減った時の方がおいしくなる果菜類は新月の時に収穫するとか、根菜類は地表面に地下水が上がっている方がよいとか、作物と月の動きというのは、切っても切れない関係にあるのです。

セミナーの現場から vol.1

岡本氏のセミナーは全国各地で催されており、毎回主婦から、農業を志す方や農業従事者など、食に敏感な人々が多数参加している。1回開催のもの、長期にわたって受講するものがある。長期にわたるセミナーでは、教室内で『座学』を受講してから、実際に畑へ行って『実践』を行うスタイルが多い。

セミナーの内容は熱心な参加者から質問が飛び交い、岡本氏も『写真はどんどん撮っていいよ』などと気さくなスタイルで進んでいく。

第2章

畑設計・畝づくり　編

無肥料栽培の基礎と畑設計、土づくり

畑設計

　無肥料栽培の基本を一通り説明したところで、実際に畑の設計から栽培方法、管理方法などを紹介していきます。

　まず押さえておきたいルールがあります。第一に、畝を長くしないということです。これにはいくつかの理由があります。一つの長い畝だと一種類の野菜を植えようと考えてしまいがちです。野菜は同じものばかりを作るよりも、色々な野菜が周りを取り囲むように作る方がうまくいきます。単独で勢力を伸ばすのは、『アレロパシー』という力を持った植物だけです。アレロパシーとは他感作用ともいい、他の植物が生えにくくなるような化学物質を出す植物の力のこと言います。セイタカアワダチソウが一面に広がるのはこの力です。その力を持たない植物は、他の植物、特に科の違う植物の力を借りて育つことがありますので、作物をできるだけ単独にしません。それは畝の上としてだけではなく、畑全体でも言えることです。

　第二に、畝の方向は必ずしも一方向である必要はありません。畝の方向は、例えば南北に傾いた畑だと、畝を南北に作ると土が流亡(りゅうぼう)(養分が失われること)すると言います。だから全て東西に作ったりするのですが、それでは風とか太陽とか水の動きを全く無視することになり、栽培はうまくいきませ

〈畑マップ（例）〉

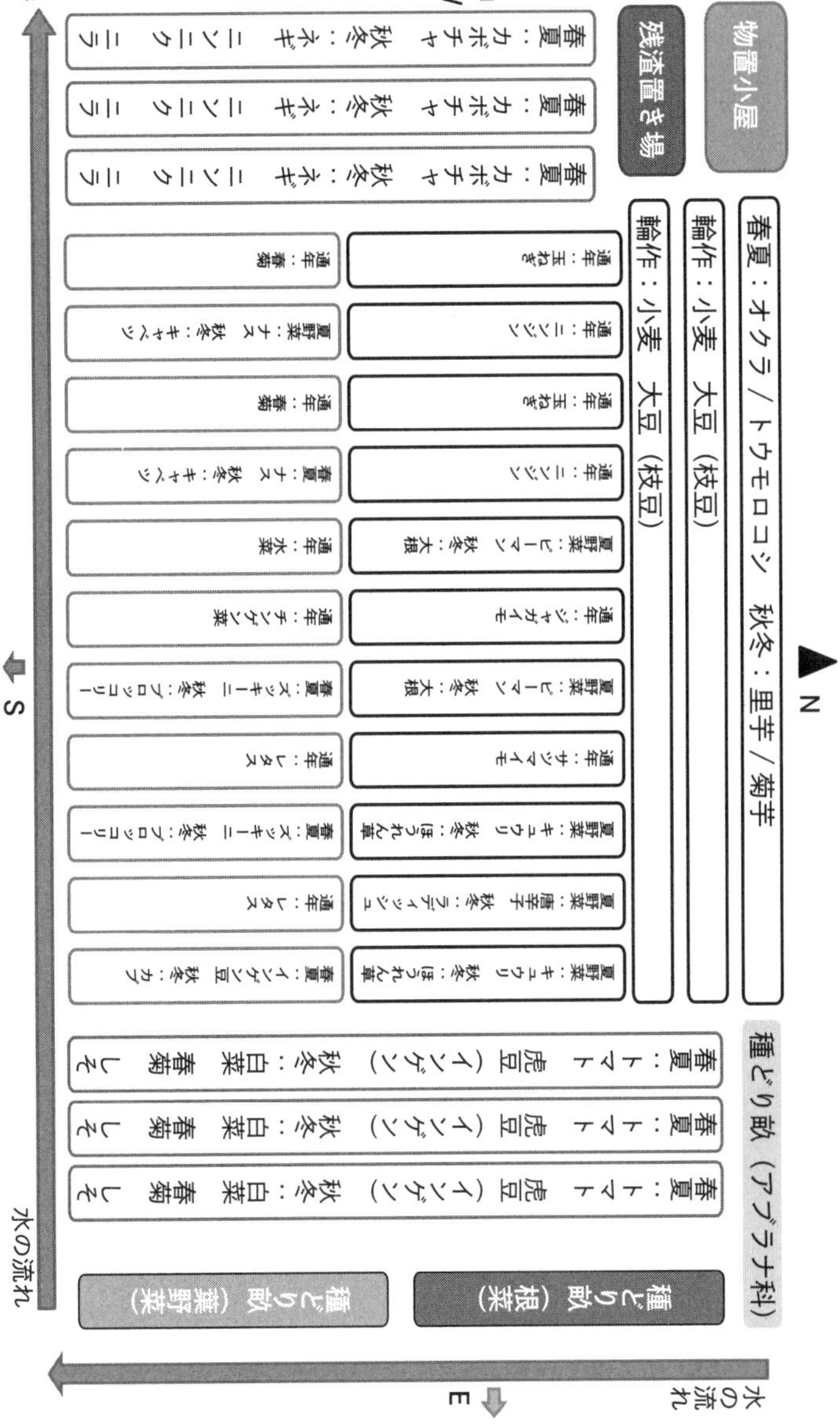

N
W
E
S

物置小屋

残渣置き場

春夏：オクラ／トウモロコシ　秋冬：里芋／菊芋

輪作：小麦　大豆（枝豆）

輪作：小麦　大豆（枝豆）

種どり畝（アブラナ科）

春夏：カボチャ　秋冬：ネギ　ニンニク　ニラ

春夏：カボチャ　秋冬：ネギ　ニンニク　ニラ

春夏：カボチャ　秋冬：ネギ　ニンニク　ニラ

通年：玉ねぎ
通年：春菊

通年：ニンジン
夏野菜：ナス　秋冬：キャベツ

通年：玉ねぎ
通年：春菊

通年：ニンジン
春夏：ナス　秋冬：キャベツ

夏野菜：ピーマン　秋冬：大根
通年：水菜

通年：ジャガイモ
通年：チンゲン菜

夏野菜：ピーマン　秋冬：大根
春夏：ズッキーニ　秋冬：ブロッコリー

通年：サツマイモ
通年：レタス

夏野菜：キュウリ　秋冬：ほうれん草
春夏：ズッキーニ　秋冬：ブロッコリー

夏野菜：唐辛子　秋冬：ラディッシュ
通年：レタス

夏野菜：キュウリ　秋冬：ほうれん草
春夏：インゲン豆　秋冬：カブ

春夏：トマト　虎豆（インゲン）　秋冬：白菜　春菊　しそ

春夏：トマト　虎豆（インゲン）　秋冬：白菜　春菊　しそ

春夏：トマト　虎豆（インゲン）　秋冬：白菜　春菊　しそ

種どり畝（根菜）

種どり畝（葉野菜）

水の流れ

水の流れ

ん。確かに土の流亡がありますが、それは畑の土を裸にするからにほかなりません。畑に草があり、草で覆われた畝があれば、土はそう簡単には流亡したりしないものです。

第三に、畝を崩したり、作り直したりするのは、畝に力が無くなった時です。そのため、通年で使える畝設計というものを考えていく必要があります。その際に「リレー栽培」という考えを取り入れます。春夏野菜を作った後に、この野菜が終わらないうちに秋冬野菜を植えていく方法です。その場合、野菜の相性がとても大事なので、畝の栽培計画を立てるときには、春夏野菜と秋冬野菜の相性を見ながら設計していく必要があります。畝の長さは決まっているので、作れる量が決まっていきます。相性と量と、それから切り替えるタイミングなどを考えて決める必要があるのです。

夏のナス科の後には、冬のアブラナ科を植える、あるいは、夏のウリ科の後は冬のキク科といった具合で、設計していくわけです。

風を見る

無肥料栽培において、最も大事なのは、太陽でも土でも水でもなく「風」です。もちろん全て大切な要素なのですが、畑に立ち、最初に見るべきもの、感じるべきものは風です。植物は風によって成長するといっても過言ではありません。その風を畑の中にどう取り入れるかを考えていきます。

風はさまざまな障害物によって方向が変わります。強い作物に当たれば風は横に曲がります。弱い作物に当たれば通り抜けます。そして、強い風というのは、障害物があっても、吹く方向というのはあまり変わりません。上りと下りが逆になることはありますが、南北に強い風が吹く畑は、東西に強い風が吹くことはあまりありません。そこで、まずは強い風がどこから吹き、どこに抜けていくかを確認します。朝、昼、夜と、三回確認してみます。

朝は、高地から低地へ向かって風が吹き、海が近いところだと陸から海に向かって風が吹きます。昼間のように気温が上がると、低地から高地へ風が吹き、海から陸へ向かって風が吹きます。夜はまた朝と同じように吹きます。

植物は、強い風があたると、茎を太くしようとします。植物にとって茎を太くするのは「栄養成長」を行うという生理現象です。植物はこのほかに「生殖成長」を行います。もし風が強いと栄養成長が強く働き、茎は太くなってくるのですが、実をつける、種をつけるという生殖成長があまり進まなくなり、実をつけなくなります。果菜類は実ですし、豆類や穀物は種です。葉野菜も茎が太くなると、筋っぽくて硬くなるので、作物に強い風があたるのはあまりよくないのです。

では、風があたらないとどうなるかというと、作物がひょろひょろしてしまい、こちらも実をつけないばかりか、突然強い刺激があると、折れてしまう危険性もあります。また細胞壁が伸びてしまうので、植物の血管でもある「師管」や「導管」と言われる、栄養を運ぶ管と水を運ぶ管のポンプ能力が弱くなり、栄養が行きわたらない作物になりがちです。つまり、風がさわやかにあたる必要があるのです。

畑に風が吹いてきたら、その風を畑の中でどう食い止め、どう分散させ、どうやわらかい風にしていくかということが、畑設計でも重要なポイントとなるわけです。

〈1日の風の流れ〉

■朝

□陸から海へ流れる風・高地からゆっくり流れる風
□作物をなでるように風を流す

■昼

□海から陸へ吹く風・低地から高地へ吹く強い風
□風が舞う⇒風が抜ける畝の工夫

■夜

□穏やかな風・陸から海へ・高地から低地へ
□作物をなでるように風を流す

■周りの林・森から抜けてくる風

□風が流れる方向へ畝を作る

風を緩めてゆっくり流す

それでは、畑に風を流す方法をご紹介します。実際に風の強いときに畑にしゃがみ込みます。立っていたのではわかりません。『作物の気持ちになること』がとても大事です。そして『風の吹いてくる方向』を確かめます。風上となる部分に、幹が太く、背が高く、あるいは葉が大きくなる作物を一列に植えることを考えます。風の勢いを止めるためです。夏場ならば里芋やトウモロコシ、あるいは菊芋などはどうでしょうか。もちろん、背が高い植物なら何でも構いません。壁を作ってしまうと弱い風まで止めてしまいそうですが、弱い風は間をすり抜けてくるので、風が完全に止まることはありません。もちろん、背のあまり高くならない樹木や垣根、風よけのネットでもよいかもしれません。

次に、壁をすり抜けた風をどのように畝の中に流すかを考えます。風が吹く方向に合わせて畝を作る方法でもよいでしょう。弱くなった風が畝の作物をなでるように通り抜けていく設計です。

しかし、その時、日あたりも考えなくてはなりません。水の流れもあるでしょう。そのために、必ずしも風の方向に畝を向けられるとは限りません。風に対して畝が直角になる場合は、風をその畝で止めてしまう形にはせず、畝を短めに作り、風が通り抜けるように工夫します。つまり畝を途中に切り取り、畝を断続的に作るわけです。この時に、切り取る部分は、イラスト(48ページ)のような『千鳥』にするとよいと思います。千鳥とは、少しずつずれる感じで、まっすぐにしないことです。そうすると、風はいやがうえにも、左右に振られることになり、柔らかな風の流れができます。

こうやって風道を作りながら畝設計をしていきますが、これは必ずしもまっすぐの畝である必要はありません。畝を湾曲させるのも手です。円形の丸い畝にすると、風もその円に沿って流れますので、風を強めたり弱めたりすることができます。蛇行する畝でもよく細かく刻まれた畝でも構いません。要は強い風が吹いてきたときに、どこで風を受け、どうやって風を弱めるかを考えて設計すればよいわけです。

緩やかな風があたると、植物は緩やかに成長ホルモンを出します。その成長ホルモンによって植物は成長していきます。風の使い方一つで、作物の成長速度が全く違ってくるのです。

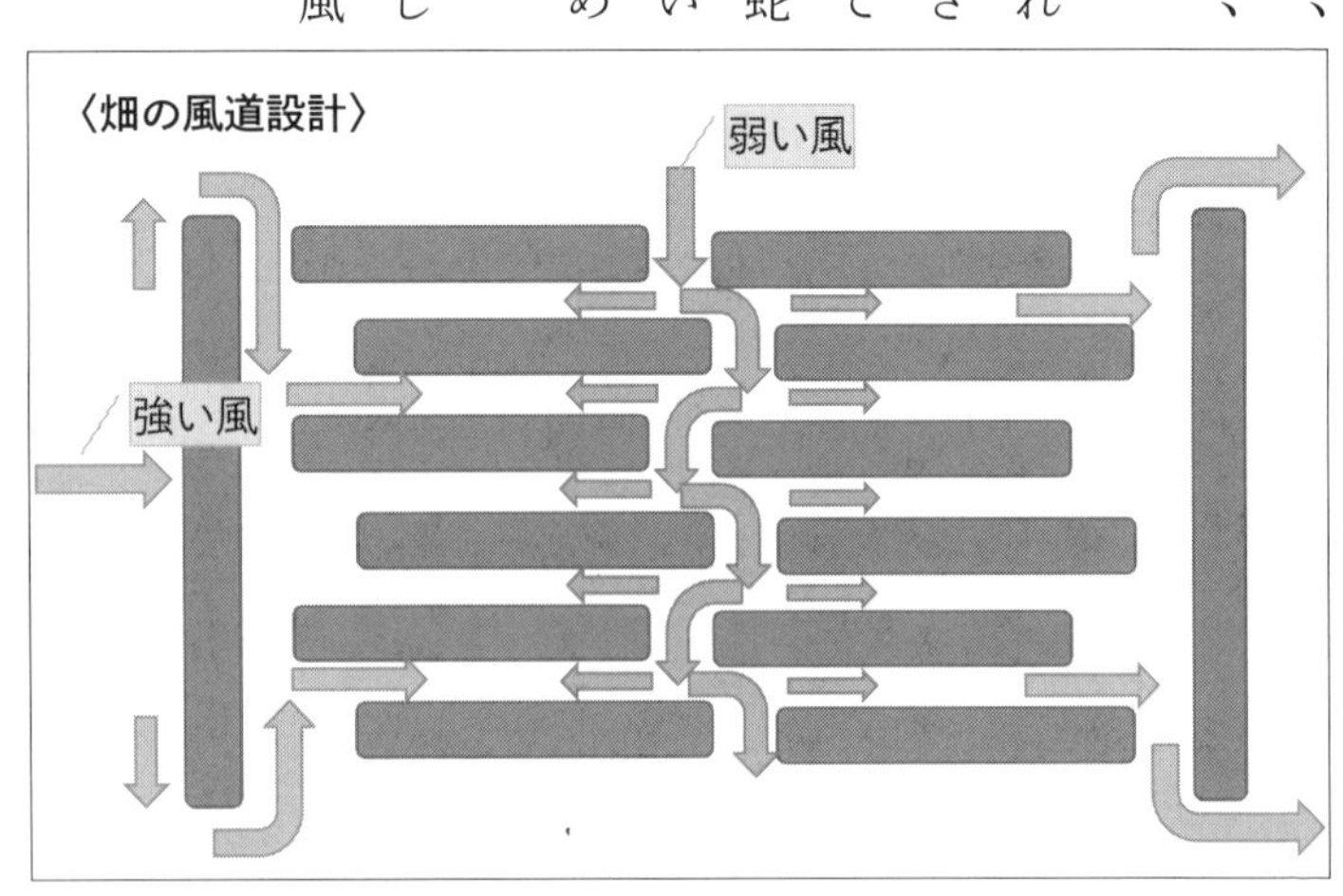

水を見る

風を見て、太陽を見るのは当たり前ですが、もちろん、畑の中を流れる水についても考えておく必要があります。水というのは、作物にとって、毒にも薬にもなるものですから、畑設計を考える上での大切なポイントです。

地表面は平らであっても、土の中の水、つまり地下水は、どちらかの方向に流れているものです。それは畑をスコップで掘ってみると分かります。水が浅いところは、掘って10センチもすると、土がしっかりと濡れています。水が深いところは、30センチ以上乾いている場合もあります。それはその畑の条件によって全く違いますので、実際に掘って確認してみる必要があります。

作物によって、水が大敵なものもあります。根が水の中に浸かっているような状態の畑ですと、さすがに作物は成長しません。根が水の中に入った途端に成長を止めます。特に硬盤層が、水を染み込まないほどの状態であると、雨によって染み込んだ水が、その硬盤層で止まり、横に流れ始めることがあります。そのような悪環境の場合は、その硬盤層が浅ければ浅いほど、作物の成長が止まるタイミングが早くなります(※硬盤層については65ページを参照)。

そうした畑で作物を作る場合、必ず水の道を考えます。例えば、畑の周りに溝を掘ります。畑に入り込む水は、その溝にたまりますので、その水を畑の外へと誘導するように、水の道を作ります。水はけの悪い畑にはとても有効です。

畑の外側に溝を作れないような場合は、致し方ないので、畝の周りを掘り込みます。そして少し高畝に作ります。水は畝の周りにたまりますので、さらにその溝で、水の道を作って外へと誘導します。

どうしても水はけがうまくできない場合は、作る作物を考えていきます。水はけの悪いところには、水の好きな作物を作ります。ナスやキュウリなどです。乾くような場所では、トマトやトウモロコシなど栽培します。人間の手で改良できない畑の場合は、そのように作物の特徴を知って、環境に合った作物を作るというのも、無肥料栽培では積極的に取り入れたい栽培方法です。

水は作物にとってとても大切なのですが、多すぎると成長を妨げますので、畑の水設計についても、よく考えておいてください。

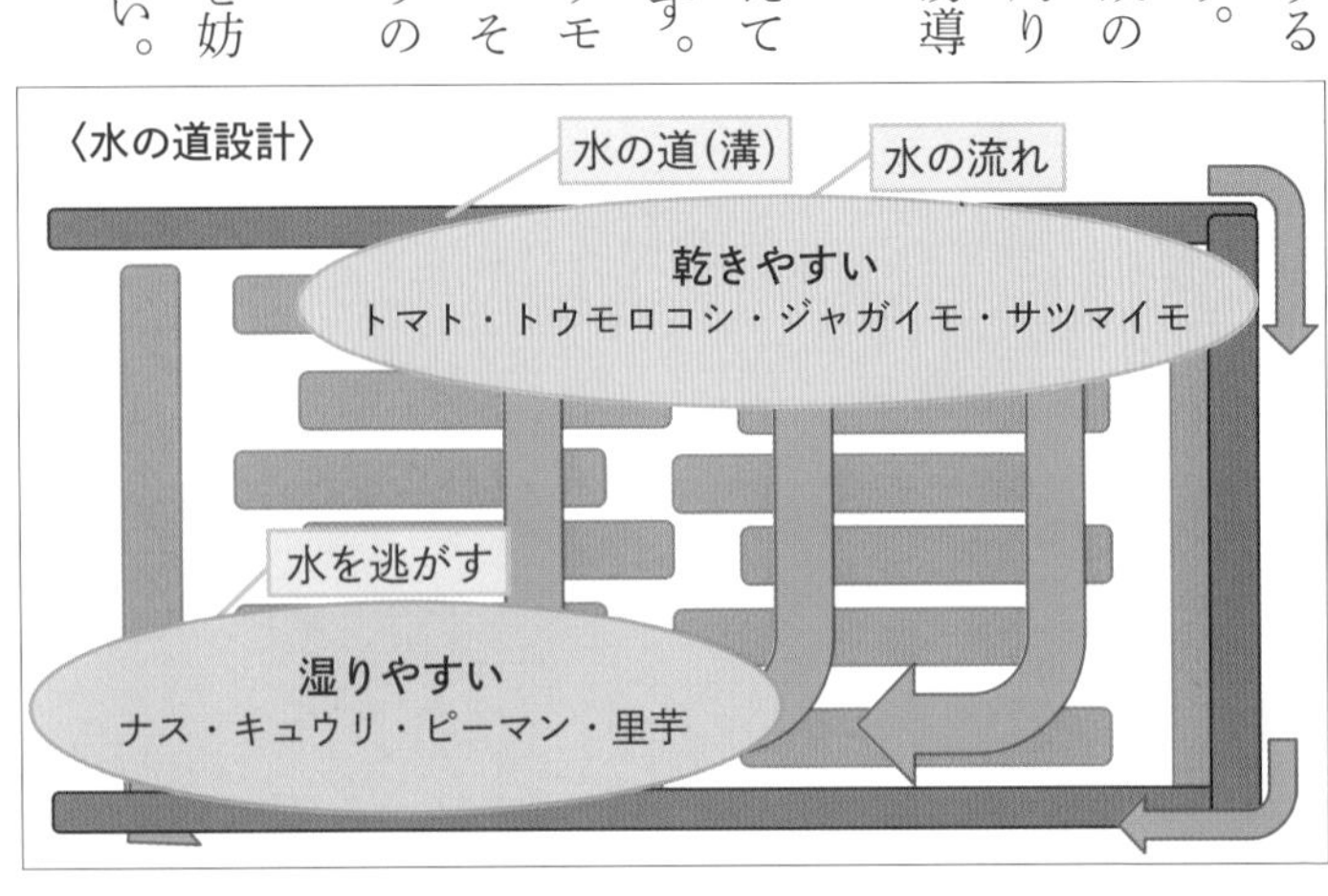

雑草で土の状態を知る

初めて畑を借りた時に、風の次に確認するのは「草」です。

草には色んな役割があり、その役割を淡々と果たしています。僕は、畑の草を見ながら、畑が自然の状態に戻ろうとするまでの過程を四世代に分けています。

一世代目の土は、背の高い草に覆われます。多くはススキ、セイタカアワダチソウ、アレチノギク、ムカシヒメヨモギ、アカザ、シロザなどです。こうした背の高い草は、太くて長い根を持っています。植物はその地に生物多様性が必要なことは十分に分かっていて、色んな種類の草を生やそうとしますが、そのためには土がある程度柔らかく、空気の層を持つことが必要なことを知っています。そのため、硬い土には必ず、背が高く根が深い草が生えて、土を縦に耕していくわけです。

その一世代目の草刈りをすると、第二世代が訪れます。主に、地下茎の植物が生えてきて、土を横に割って、さらに土を柔かくします。さらには土の酸性度を調整するスギナのような植物や、虫の数をコントロールするようなヨモギなどの草が生えてきます。

三世代目では、背丈の低いイネ科の植物が生えてきます。葉を広げなくても光合成ができる特殊な能力を持っているため、やせた土地に生え、糖やでんぷんを土壌に送って、土壌微生物を増やします。

葉の大きな草は土がやせていると葉を広げることができずに、成長しないために、イネ科の植物が第一陣として現れてくるわけです。

そして四世代目がやってきます。これがマメ科の植物を始めとする多様性のある草です。しかも背丈を伸ばさない草になります。カラスノエンドウやハコベやホトケノザなどで、特にマメ科の植物は空気中の窒素を取り込む力を持っていますので、土がどんどん豊かになり、さまざまな草が生えてきます。こうやって草の多様性が戻ってくると、畑は豊かになり、無肥料であっても作物が成長できる力が与えられるわけです。

栽培においては、この循環を急がせるために、秋口に背丈の高い草を刈り、春に生えてくる草がある程度育つのを待ってから刈り取り、マメ科の植物の種、つまり「緑肥」をまいて土を作っていくわけです。

〈雑草で知る土の傾向〉

一世代目：ススキ、アシ

□耕作放棄地、空き地に多い。土が固く、腐植が少ない

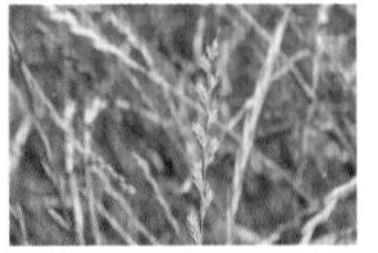
イネ科牧草（ネズミムギ）

二世代目：スギナ

□酸性土壌を好む（中性・アルカリ性で生える）
カルシウムが、土壌を中和する

三世代目：イネ科（背の低い）

□窒素固定エンドファイトによる窒素固定
□自らが枯れて、炭素を補給

四世代目：マメ科

（カラスノエンドウ、レンゲ、クローバー、レッドクローバー）
□根粒菌により窒素を固定している

カラスノエンドウ

多様性の復活：ハコベ、カラスノエンドウなどが生えていれば、豊かになってきている

雑草の役割

雑草にはそれぞれに役割があります。それらを推測することで、土が今どのような状態であるのかを知ることができます。これを栽培に生かしていけば、土作りも簡単になりますので、一部を紹介します。

○春スギナ（シダ科）…スギナは地下茎で横に根を張るため、土を耕す力を持っています。スギナが生えたところは、土は硬く見えますが、実際には根が無くなるととても柔らかくなります。スギナの葉は強いアルカリ性で、枯れると土は弱アルカリ性になり、作物の成長がよくなります。

○カラスノエンドウ（マメ科）…窒素を取り込む根粒菌と共生関係にあるので、この草が生えているということは土の中に窒素を取り込もうしている途中経過の土ということ。この草が枯れる頃には土が豊かになります。

○メヒシバ（イネ科）…やせた土に栄養素を送り込むために生えてきます。まだ大きな草が生えるほど豊かではない時に生えるので、土はやせていると判断します。

○ノボロギク（キク科）…虫の数をコントロールします。ＰＡ（ピロリジジン・アルカロイド）を出して虫を寄せつけませんので、芽を出した植物を守っていると考えます。つまり土が豊かになり、植物がどんどん生えてくる前兆と考えます。
○ハコベ（ナデシコ科）…花により虫を呼び込みますので、虫を必要としていると考えますが、ホトケノザ（シソ科）と同じく、冬の間の土を寒さから守るのが主な役目です。そのため、土が裸になると生えてくることが多いものです。
ミミナグサ（ナデシコ科）や、タネツケバナやナズナなどのアブラナ科は、他の植物の成長を助ける力を持っています。つまりやせた土地である場合が多いでしょう。これらが生えることで他の植物を成長させ、土を豊かにするということです。
どんな草でも必ず役割があります。その草の性質、生える条件などを調べ、なぜ生えてきているのかを推測し、その土の状態を推測することは、次に一手を考える大事な情報となりますので、必ず草を見、調べ、推測してください。

〈雑草の役割〉
- **春スギナ**（シダ科）⇒　地下茎で土を耕す
- **カラスノエンドウ**（マメ科）⇒　窒素を取り込む
- **メヒシバ**（イネ科）⇒　やせた土に栄養素を送り込む
- **ノボロギク**（キク科）⇒　虫の数をコントロールする
- **ハコベ**（ナデシコ科）⇒　花により虫を呼び込む
- **ホトケノザ**（シソ科）⇒　冬の間の土を寒さから守る
- **オランダミミナグサ**（ナデシコ科）⇒　他の植物の成長を助ける
- **タネツケバナ**（アブラナ科）⇒　他の植物の成長を助ける
- **ナズナ**（アブラナ科）⇒　やせた土を守る

春スギナ

オランダミミナグサ

タネツケバナ

土の色で判断する

土は地域によって全く色が違います。色が違うと土質が違います。土質が違うと、その土に含まれているミネラルバランスがそれぞれ違うということになります。作物は成長するのにミネラルを必要としますが、そのミネラルバランスが違うと、味が変わったり、成長スピードが変わったりします。そのため、まずは土の色を見ながら、土の性質というものを見極めることも必要になります。

黒土や褐色の土。これらは黒（くろ）ボク土（ど）の場合が多いですが、一般的には、有機物が分解し、土の中に混ざり込むと土は黒くなると言われています。もちろん黒いから土は肥えているものと簡単に結びつく話ではありませんが、腐植が増えていけばどんどん黒くなっていくのが土の性質です。

赤い土は、火山灰であることが多いでしょう。鉄分やアルミニウムの多い土です。単に鉄分が多いだけならよいのですが、ミネラルには拮抗（きっこう）作用があります。あるミネラルだけが多いとバランスが狂ってしまうことで、作物は成長しにくくなる場合があります。やせた土や通気性、浸水性が悪い土なども赤くなることがあります。また土が酸性に偏ってる場合がありますので、マメ科の植物や、その地に生える背の低い草などをすき込んでいく、あるいは重ねていくことで、有機物を腐植化し、土を肥えさせて改造していきます。

黄色い土は、砂漠化した土の場合が多いでしょう。腐植、微生物が少なく、化学資材を多用しすぎた畑によく見られる土で、酸性に偏っている場合があります。こうした土で、無肥料で作物を作るのは大変困難を極めるので、思い切った土の改良が必要となります。一年目は栽培をあきらめ、例えばイネ科の緑肥をまき、その後にマメ科の緑肥をまき（時期によっては逆に）、緑肥が育ったら、それを刈り取ってから畑の上で枯らせ、そして燃やし、灰になってからすき込んで中性に変えます。さらに草を生やし、背の低いうちに刈ってから枯れたら、今度は燃やさずにそのまますき込んでいきます。

粘土質は根が伸びにくく、水はけが悪く、地表面から20〜30センチに硬い土の層がある場合がほとんどです。有機物がなく、微生物が少ないので、水はけをよくするために、水が抜けていくような物理的改造が必要になってきます。

〈土の特性〉

■黒土、褐色

□腐植が多く、肥えた土。農業に向いている

■赤い土

□火山灰、もしくはやせた土。通気性、浸水性が悪い

■黄色い土

□砂漠化。腐植、微生物が少ない

■粘土質

□根が伸びにくく、水はけが悪い

□地表面から 20 〜 30 センチに硬盤層がある。

酸度を確認する

無肥料栽培であっても、常に作物が育ちやすい環境になるよう、土を管理しておく必要があります。管理すべき項目はたくさんありますが、その中でも酸度、つまりpHというものはとても大事です。もちろん無肥料栽培ですので、酸度を調整する資材を投入するという意味ではありません。なぜ酸度が変わってしまうのか、植物が育ちやすい酸度を保つにはどうするべきなのかを考えます。自然界は特に何もしなくても酸度は守られますが、こと畑となると自然の力だけでは維持できない場合があるのです。

植物が成長するのは、多量元素や微量元素、つまり栄養分が必要であると前述しました。自然の状態であれば、そうしたものは自然の力で補われていくものですが、畑は草を刈り、人が歩く、あるいは収穫が行われますので、どうしても栄養分が不足しがちになり、吸収が悪くなります。特に、多量元素であるマグネシウムやカルシウムが存在しないと、植物の成長に必要な三大元素である窒素やリン酸の吸収が悪くなります。

さて、日本に降る雨は工場や車の排気ガスなど、さまざまな化学物質で大気が汚染されたり、火山の噴火などによって、酸性雨になってきています。この雨が畑に降り注ぐと、当たり前のように土壌が酸性に偏ってきます。

酸度は通常pH0～14の範囲で、土壌はpH4～7を推移します。作物が成長しやすいのは、作物の種類によって違いますが、pH5.5～6.5です。この間で推移するようにコントロールします。やり方は後述しますが、自然界はそれを自動的に行っています。その仕組みを理解しておくと、どのように対処したらよいかが分かってきます。

実際に畑で酸度、pHを確認するには、「酸度計」を使用します。これはホームセンターなどでも販売されており、高価ではありませんので、必ず手に入れておきます。そして測りたい土を水で濡らし、酸度計を刺して20分ほど放置してから数字を確認します。化学資材が使われていた畑ではpHを調整しているのでpH7あたり、耕作が放棄されて2～3年の畑なら酸度が急に下がってpH5、耕作が放棄されて10年以上たった畑なら自然界の値に近いpH6あたりが多いでしょう。

〈日本の土質とは〉

- 多量元素は微量元素がないと吸収が悪くなる
- マグネシウムやカルシウムが存在しないと、窒素やリン酸の吸収が悪くなる
- 日本は酸性雨なので、海外の作物は成長しにくい

酸度計

雑草で土壌のpHを予測する

みなさんからよく畑や庭に背が高い草や強い草が生えてきて大変だという話を聞きます。しかし自然農法を長年やっている人の畑では、それほど邪魔になる草は生えていなかったりします。この差は一体何だろうかと考えたのですが、その際、酸度、つまり土のpHを基に、生えやすい草の種類を見ると、ある程度推測ができます。

強酸性（pH〜4）のような酸性が強い土の場合、土を中和しようとクローバーやスギナが生えてきます。また、それ以外にイネ科やタデ科の草が生えてきます。たいがい、このイネ科やタデ科は、畑や庭では邪魔者扱いされます。

これが酸性（pH4〜5）になってくると、背の高いアカザ科も生えてきます。ギシギシはタデ科ですが、こうした草も畑や庭では背丈が大きくなり刈りにくいので嫌われ者となります。

これが弱酸性（pH5〜6）になってくるとどうでしょう。レンゲソウ、ナズナ、ヘラオオバコといった背が低く、土を豊かにし、植物の生育を助けてくれる草が多く生えてきます。この酸度あたりになると、実は邪魔になっていた草はどんどん消えていきます。

そして弱酸性から中性（pH6〜）あたりは一番作物が成長しやすい酸度です。しかも生えてくる草は、ハコベ、イヌフグリ、ホトケノザ、ノゲシ、オトギリソウと、どれも背が低く、土を豊かにしてくれる草ばかりです。

つまり草対策をするのに、一番簡単な方法は、酸度を6、つまり弱酸性から中性にすることとです。それによって邪魔になる草、作物の成長を阻害する草が減り、むしろ作物を守る草が生えてくることで、作物の成長を助けてくれるようになります。しかも、これらの草は虫たちと共生してくれる草です。虫たちがこれらの草につき、あるいは隠れ、あるいはすみつき、作物への被害を防いでくれます。

また、微生物も弱酸性から中性の土壌を好みます。酸性になればなるほど、微生物の絶対数が減っていくことがあります。

草対策と虫対策に大切なのは、『土壌の酸度』であることが分かります。

〈土壌の pH 値〉

強酸性（pH 値～ 4）

□クローバー、スギナ、ヒメスイバ、イヌタデ、スズメノテッポウ、イヌビエ

酸性（pH 値 4 ～ 5）

□カタバミ、アカザ、ギシギシ、イヌガラシ、オオバコ

弱酸性（pH 値 5 ～ 6）

□レンゲソウ、ナズナ、ヘラオオバコ、コニシキソウ、スズメノカタビラ

弱酸性から中性（pH 値 6 ～）

□ハコベ、イヌフグリ、ホトケノザ、ノゲシ、オトギリソウ

やせた土の再生

酸度が下がってしまって、酸性になってしまった土は、ある意味、やせた土です。このやせた土を再生するためにはどうするか。その答えは自然界の循環を見ていると分かります。

まず、自然界では雨が降ってきます。これは酸性雨の原因でもありますが、雨のもとになったのは海の水です。海水には多くのミネラルが含まれています。自然に作られた塩にはミネラルが豊富に含まれているように、海水が蒸発して雲となり、それが雨となって降り、地下水となって流れてくる時には、もちろんミネラルが含まれています。

具体的には、カルシウム（Ca）、マグネシウム（Mg）、ナトリウム（Na）、カリウム（K）、重炭酸イオン（HCO_3^-）、硫酸イオン（SO_4^{2-}）、塩化物イオン（Cl^-）、ケイ酸（SiO_2）などです。つまりもともと雨が地下水になると、酸性をアルカリ性にする力を持っています。それが大気汚染などによりバランスが崩れているだけです。

この地下水のミネラルが土壌に含まれると、地上の葉が吸収します。つまり、葉の中にはたくさんのミネラルが含まれているということです。地上には樹木があり、その葉がひらりと地面に落ち、そして朽ちていきます。実はこの循環が土の酸度を守っています。葉の中のミネラルである、カリウム、カルシウム、マグネシウムが葉の分解とともに土壌に染み込んでいくわけです。これらのミネラルはアルカリ性ですから、酸性化した土をアルカリ性に戻す力を持っているということなのです。

大事なポイントとしては、畑の畝の上に葉を敷くことです。これが「草マルチ(自然にたい肥になる)」の効能の一つでもあります。それらの草が土を守っているのが自然界の姿なのです。そこで、人間が工夫をします。どうするかと言えば、この葉を燃やすわけです。燃やすことで窒素や水素などはガス化して消え、金属系の元素だけが残ります。つまりカリウム、カルシウム、マグネシウム、あるいは鉄や銅が残っています。これらを畑に施すことによって、土は弱酸性から中性を維持することができます。

これらは一見施肥しているように見えますが、実際には、枯草を畝の上で燃やしているだけです。草は枯葉でなくても、その畑に生えてくる雑草でもよいのです。雑草を畝の上で燃やして、ちょっと耕運するだけで、酸度は守られるのです。

〈土の再生に必要な栄養素〉

やせた土を再生するには、草木を利用する

雨の中には多くのミネラルがある

□海⇒有機物が分解したミネラル⇒蒸発⇒雲⇒雨

降雨により植物が吸収する

□雨⇒草木が吸収⇒凝縮

草木⇒有機物（炭素、水素、酸素、窒素、硫黄、リン）

□窒素、リン酸、カリ、発酵という手順で取り出し与える
□生で加えた場合、分解すれば窒素などを補給出来る
□ただし、他の必要なミネラルに即効性がない

草木の焼却⇒

□カリウム、カルシウム、マグネシウム、アルミニウム、鉄、亜鉛、ナトリウム、銅、ケイ酸が残る
□アルカリ性である

拮抗（きっこう）と促進

次にミネラル同士の拮抗と促進について知っておく必要があります。無肥料栽培では、ミネラルとして精製されたものを施肥するということはありませんが、栽培において、窒素やリンやカリウムが不足し、作物が成長しない、あるいは枯れてしまうということが現実に起きるからです。そのときに、『正確に原因を把握する能力』が必要になってきます。

ミネラルは拮抗と促進という相互関係があります。拮抗とは、あるミネラルが不足すると別のミネラルの吸収が阻害される現象です。促進とは、あるミネラルが増えると、別のミネラルの吸収がよくなることです。この相互関係を知っていると、作物の障害が起き、その原因がミネラルである場合に、どう対処すれば解決するかを推測することができます。

この拮抗と促進を窒素、リン、カリウムで説明してみます。ただ、これらを詳しく説明すると、とても混乱しますので、ポイントのみ説明します。

まず、窒素です。その吸収を助ける、つまり促進するのは、カルシウム（Ca）、カリウム（K）です。これらが多いと硝酸態窒素の吸収を促進します。硝酸態窒素とは、植物が使える窒素の形態です。カルシウムとカリウムが不足すると、窒素が豊富にあっても使用できないということが起きます。

次にリン酸です。吸収を促進するのはマグネシウム（Mg）です。不足するとリン酸の吸収がとても悪くなります。

そしてカリウムです。その吸収には鉄（Fe）が必要です。鉄が入ると、根の伸びがとてもよくなります。

これらのことから、窒素、リン酸、カリの吸収をよくするには、カルシウム、マグネシウム、鉄が必要ということが分かります。これらの元素は、草木灰に多く含まれています。つまり、草木灰を与えれば、土の中の、窒素、リン酸、カリの吸収が促進されるということです。

土に栄養はあるようでも、植物が枯れてくる場合は、ミネラル不足を考えてみるべきかもしれません。栄養はそこにあるのに、使えていないということです。この関係は、さらに複雑ですので、ぜひ調べてみることをお勧めします。

〈拮抗と促進〉

■窒素

□拮抗

⇒カルシウム（Ca）、カリウム（K）が多いとアンモニア態窒素を阻害する

□促進

⇒カルシウム（Ca）とカリウム（K）が多いと、硝酸態窒素の吸収を促進する

■リン酸

□拮抗

⇒カリウム（k）、鉄（Fe）が多いとリン酸（P）の吸収を阻害する

□促進

⇒マグネシウム（Mg）がリン酸（P）の吸収を促進する

■カリウム

□拮抗

⇒カリウム（K）が多いと、カルシウム（Ca）、マンガン（Mn）、ホウ素（B）、ケイ素（Si）の吸収を阻害する

□促進

⇒鉄（Fe）、マンガン（Mn）、ホウ素（B）が多いと、カリウム（K）の吸収を促進する

硬盤層を確認する

先に少しだけふれた「硬盤層」について紹介します。農業以外ではあまり使用しない言葉ですが、無肥料栽培でもこの硬盤層の扱いにより、成長の障害になることがあります。しかし、硬盤層といってもその出来方、歴史によって性質が違いますので、分けて考えた方がよいでしょう。

まず、硬いという字を使う硬盤層ですが、通常、自然界の土であっても、必ず存在します。土は表土から30センチも掘り進むと、たいがい、微生物も有機物もなくなりますから、土は締まってきて粘土質になります。これが自然界が作ったものであれば、植物の成長にはさほど影響を与えません。むしろ、この粘土質の土が雨や地下水の水分をミネラルとともに保水しており、この層があるからこそ、植物はかん水しなくてもここから水を給水し、枯れずに成長できます。

見分け方としては、土を掘ってみて、硬い層が出てきたら、そこに水をかけてみます。すぐに水を吸い込むような層であれば、自然界が作り出した層である可能性が高く、植物の成長に障害を与えることはありません。逆に、この層を壊してしまうと、雨が降らない日が続いたときに、植物が枯れてしまう原因にもなってしまいます。

しかし、自然界が作り出したものではない硬い層もあります。例えば重機やトラクターなどで長い間かき混ぜていた田んぼや畑でもよく見かける層です。つまり機械によって作られた層です。田畑整備などで土木工事などが行われている圃場や、新興住宅地などでもよく見かけます。この層を分けて考えるために、「耕盤層」と僕は書きます。この層の特徴は、水をかけてもすぐに染み込まないことです。染む込むまでに数分かかります。この層は浅いところにある場合があり、しかも土がとても冷たくなりますので、植物はその層にまで根を伸ばすと、そこから成長を止めてしまいます。また、雨水などはその層で止まり、たまってしまうか、横に流れ、水はけの悪い圃場になってしまいます。

この層は壊すしかありません。壊し方はさまざまですが、大きなトラクターを使い、アタッチメントにサブソイラーという大きな爪のような機械をジョイントして、トラクターで引きながら壊す方法があります。耕盤層は、金属などで切り目が入り、そこから水が染み込むようになれば、次第に壊れていきます。

トラクターなどを使わない小さな畑の場合は、スコップなどを使って壊します。まず畝にする部分を掘り進んでいきます。そして耕盤層が見えるように土をよけます。耕盤層が見えたら、先のとがったスコップを指して、土を少し起こすように動かします。それを30センチおきに行います。スコップを差したところから水が染み込むようになれば、やがて壊れていくことになります。この層が壊れたときに、硬盤層に戻っていきます。

さて、もう一つあります。それが「肥毒層」と呼んでいる層です。この層は自然が作ったものと人間が作ったものがあります。つまり硬盤層と耕盤層の両方を指します。しかし、ではなぜ肥毒層というかと言えば、肥料の肥を使っているように、この層に、肥料分が残ってしまったものを指すからです。特に、慣行栽培(かんこうさいばい)（＝農薬を使い、病害虫の防除を行う一般的によく行われている栽培方法）で使用する苦土石灰の石灰、あるいは化学肥料のリン酸です。リン酸が酸と離れると、この層の中でアルミなどとくっついてしまい、土をとても冷たく硬いものにしてしまうのです。この層があると、植物の根はその層を避けてしまいますので、成長が一気に止まってしまいます。

成長が止まるだけならまだよいのですが、土の冷たさに負けて、植物は弱く枯れていくことになります。そして虫食いが始まり、あるいは病気に罹患(りかん)することになって、畑から消えていってしまいます。

この層を壊すには、先に書いた耕盤層の壊し方と基本は同じですが、それだけでは石灰やリンまでは消すことができません。そこで植物の力を借りることになります。無肥料栽培ではこの層を壊す場合は、イネ科の植物を使います。よく使うのが「ソルゴー」という緑肥で、種はとても安く売っています。細かい根をたくさん張るので、その根で肥毒層を割り、そして石灰などを吸収させます。えん麦や大麦などで行う場合もあるでしょう。いずれにしろ、背の高い植物を生やし、特に雑草に近いようなソルゴーや大麦、ライ麦などが有効と言われています。この層が壊れるだけで、無肥料でも元気に育つ野菜が出来たりするものです。

多くの場合、これらの層が壊れた方が作物の成長はよくなるので、土づくりではこの層を壊すことに主眼をおくことも多いでしょう。しかし、この層があるから育たないと、それだけに責任を押しつけると、本来の原因を見失ってしまいますので注意してください。ただ、畝を作るときは、この層を壊してから始めた方がよいでしょう。

ライ麦

ソルゴー

〈盤層を見分ける〉

■硬盤層

□自然界に存在する水補給路
・表土から 30 センチ以下に存在
・水が簡単に染み込む（色は黒）
・そのままにする

■耕盤層

□トラクター・重機で作られる層
・表土から 15～20 センチに存在
・水が染み込まない（色は茶か表土と同じ）
・スコップなどで切る

■肥毒層

□石灰・リン酸が残留した層
・表土から 20～30 センチに存在
・水が染み込まない（灰色に色変わりする）
・作物で抜く⇒イネ科

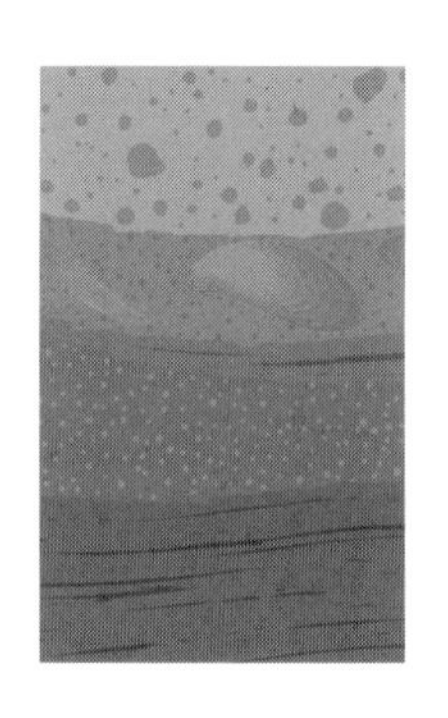

土の物理的改善

畑という場所はすでに自然界から乖離(かいり)しています。自然農法や自然栽培であっても、もともとは山だった場所や草原だった場所を開墾(かいこん)していますので、決して自然ではありません。自然のままに育てることを目標とする場合でも、その地を自然の状態に戻すためには、樹木が育ち、枯葉が落ち、それが何十年も積み重なってからの話ですので、気の遠くなるような時間がかかります。ですから、自然農法や自然栽培、あるいは僕のような無肥料栽培であっても、畑の土を作物が作りやすい環境に戻してあげるという人為的な改善が必要になります。それを行わないと、なかなかよい作物は作れないものです。

まず、畑は人や機械で土を踏み固めている場合があります。それと草や葉を取り除き続けている場合も多く、その場合は、土の中に有機物や空気層が無くなり、冷たく硬くなっています。そうなると微生物があまりいなくなります。詳細は後述しますが、要は表土から10センチ辺りまでは好気性の菌がたくさんいる必要があるのですが、それが激減しています。その代わり嫌気性の菌が増えすぎているかもしれません。その菌のバランスを取る必要があります。そのため、この微生物を増やすために土をいったんリセットする必要があります。

その方法の一つは『天地返し』です。土の表土部分と少し深い部分を入れ替えることで、微生物層に刺激を与えて、個体数が増えるようにします。微生物は環境が変わると、種の保存の法則にのっとり、個体数が増えていきます。

トラクターを使用する場合は、『荒耕起』という方法を利用します。土をかき混ぜ過ぎると空気層が無くなって微生物がすみにくい環境になってしまいますので、土の中に空気層を作るような荒い耕し方をします。つまり深めに、ゆっくりロータリーを回して、大きく耕運します。ただ、そのままでは空気層が大きすぎますし、作業性も悪くなりますので、今度は浅く、早くロータリーを回し、表面は平らに削っていきます。

ところで、土の物理性をよくするためにC／N比（炭素と窒素量の比率）に注意する必要があります。有機物を畑の土にすき込むと糸状菌が増えますので、その間は作物を植えません。糸状菌よって作物の根が浸食されてしまうからです。

〈土の改善〉

■天地返し

□硬い土は好気性菌が少ない

□好気性菌と嫌気性菌のバランスをとる

■荒耕起（かき混ぜ過ぎると微生物がすめなくなる）

□大きなかたまりで耕す

□表面だけ平らにする

■C/N 比に注意

□化学肥料は N が大きい（C/N 比が低い⇒微生物は増えない）15 以下

□有機肥料は C が大きい（C/N 比が高い⇒糸状菌が増える）30 以上

□無肥料はバランスが良い⇒細菌（バクテリア）が増える）15 ～ 30

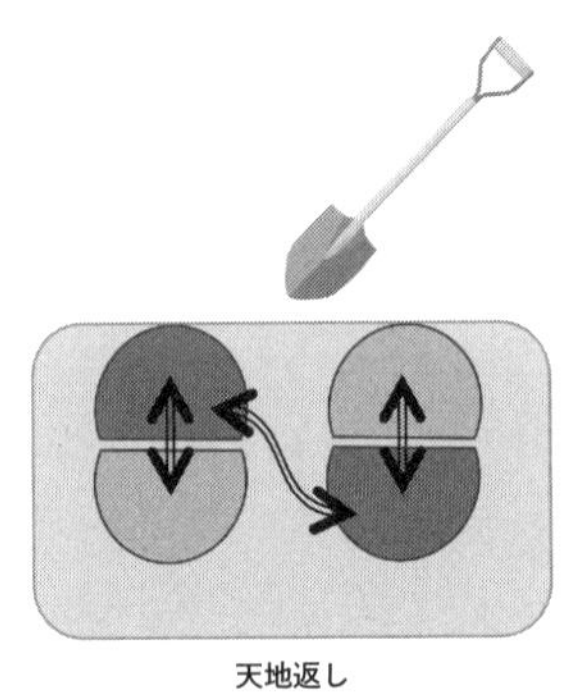
天地返し

有機物のすき込みによる腐植化

中規模以上の農業の場合の土壌改良について紹介します。

基本的には無肥料ですから土壌改良剤を使用することはありません。使用するものは、畑から生まれてきたものだけです。

例えば、草が生えないように管理してきた畑の場合、有機物がありません。そこで、畑で有機物のもとになるものを育てます。それがいわゆる緑肥と言われるものです。肥料の肥という字を使用していますが、肥料ではなく、あくまでも植物の種です。一種類の緑肥では多様性がありませんので、マメ科の緑肥、イネ科の緑肥という二種類の緑肥を育てます。例としては、マメ科のヘアリーベッチ、セスバニア、イネ科のソルゴー、ギニアグラス、えん麦です。これらの種を畑全体にまいて育てておきます。

雑草が生えてくるような畑であれば、そのまま雑草を茂らせます。ただし、あまり背丈を高く育ててしまうと処理が大変になりますので、膝ぐらいまで育ったあたりで次の処理に入ります。雑草の種類が少ない場合は、土がやせているか、もしくは化学肥料の結果として雑草の種類が激減している場合があります。その場合も、緑肥をバラバラとまいておきます。

草が膝丈を超えてきたら、その草を刈ります。刈り払い機のような草刈り機で刈り倒す場合、刈り取り後、1～2週間ほど経過して、草の窒素が抜けて茶色く炭化したら、ところどころに集めて燃やします。燃やすことでミネラル化するわけです。

ミネラルの補充が必要のない畑の場合、つまり、草がよい感じで多様性があるようなら、「ハンマーナイフモア」のような、草を刈り、細かく裁断してしまう機械で刈り取ります。おおよそ雑草が10センチ程度に刻まれます。この状態で枯れるまで待ちます。青い草が土の中に入ると、腐敗したりガスを出したりして、作物に対して悪影響があります。

そこまでできたら、トラクターや耕運機などで耕します。何度もかける必要はありませんが、草がしっかり土の中に入り込むように耕運します。この状態で、すぐには作物は植えません。このすき込まれた草が分解するときに、最初に糸状菌、つまりカビのような菌が現れるからです。これらの菌は、作物の根の悪影響を与えることがあります。少なくとも3週間～1ヶ月は間をあけてください。

〈中規模以上の土壌改良〉

■膝くらいまで雑草を生やす

□緑肥使用もありだが多様性がないのが問題
・ヘアリーベッチ、セスバニア、ソルゴー、ギニアグラス、えん麦

□10種以上の科の雑草が生えている

■草刈り機で刈り倒す

□ハンマーナイフモアが適している（切り刻む）

□刈った草は枯れるまで待つ（2週間）
・窒素が抜けるのを待つ⇒炭化
・青い草をすき込むと分解時に根も分解されてしまう

■トラクター、耕運機ですき込む

□窒素飢餓に陥るので30日ほど放置

天地返しによる畝づくり

今度は小規模農業や家庭菜園の場合の土壌改良です。土がやせているかどうかによりますので、土壌改良するべきかを見極める必要があります。そのために、まずはそこに生えている草を見ます。草が一切生えていない畑の場合は、草が生える前に土をかき混ぜている場合が多いので、やせていると判断します。草が生えていても、背の高い草が生えている場合、イネ科が多い場合も、やせていると判断します。イネ科とはメヒシバやエノコログサです。マメ科が生えている場合でも種類が少ない場合はまだ土ができていません。雑草の種類が10種類以上見つけられるようならやせてはいないと判断します。雑草の名前や科はすぐにはわかりませんが、植物は科によって草の形が違いますので、単純に草の形が違うものが10種類以上生えているかを確認すればよいでしょう。

次に土を見ます。粘土質であればやせている証拠です。肥えた土には、腐植、つまり有機物が分解した元素がたくさん含まれますので、土が適度に重く、適度に粘り、適度にサラサラしています。と言っても判断は難しいですが、土を一握り握って、手のひらを開き、団子になった土を親指で軽く押します。握った時は固まり、指で簡単にほぐれるのならば、腐植が多いと判断できます。色も黒っぽくなってきます。

さらに酸度、pHを測ります。4～5であればやせていると判断します。よい草が生えていたとしても、酸度が低いので調整のために土壌改良します。6以上であれば大丈夫です。あとは、単純に作物があまり育たなかったなど主観的な材料で判断すればよいかと思います。

土壌改良が必要な場合は、ポイントは天地返しと有機物の埋め込みです。天地返しとは、土の表面から20センチまでの土と、その下の20センチの土を入れ替えることです。上の層にいた好気性の菌、つまり空気を必要とする菌と、下の土にいた嫌気性の菌、つまり空気を必要としない菌の場所を入れ換えれば、個体数がどんどん増えていきます。

有機物の分解をする菌や、植物と共生する菌の多くは好気性の菌ですので、増えるのは大変好ましく、また有機物が分解していき、最終的に植物が使える元素にするのは嫌気性の菌ですので、これらの菌も増えることで、有機物の分解が促進され、かつ植物への栄養補給のスピードも上がるわけです。

具体的な手順を説明していきます。まず、畝を作る部分を

〈小規模の土壌改良①〉

掘り進めます。この際、地表20センチの土とその下20センチの土を分けておきます。進んだら、硬盤層を確認します。水を流して、すぐに染み込むようなら問題ありませんが、数十秒たまっているようなら、スコップの先を30センチおきに差しながら、硬盤層を壊します。

壊し終わったら、イネ科の雑草を入れます。水分の保水力が高いので、水をここに吸わせてためこむようにします。その水が、ゆっくりと硬盤層に染み込んでいきます。

次に枯葉を入れます。これは雑草でも構いませんが、広葉樹の落ち葉や腐葉土がよいと思います。広葉樹の葉はカリウムを多く含み、分解されれば、カリウム補給になります。そしてそこに米ぬかを振りかけます。米ぬかは、カルシウムとリンを持っていて、リンの補給になります。かつ米ぬかの発酵力を利用して、葉などの有機物を分解させるわけです。そこに今度は油かすを振りかけます。油かすはタンパク質ですので、窒素分が多く含まれます。タンパク質が分解すると最終的に窒素が作られます。

ここに、草木灰と「もみ殻くん炭」を入れます。草木灰は少量で大丈夫ですが、草木灰にカルシウムやマグネシウム、カリウムが多く含まれ、かつ即効性がありますので、ミネラルの補給と考えてください。もみ殻くん炭は、お米のもみ殻を炭にしたものです。炭は超音波を出していると言われており、微生物が出している超音波ととても波長が似ているので、微生物を呼ぶと言われているからです。この草木灰やもみ殻くん炭は、土の酸度を弱アルカリ性、つまり6〜6.5にする力も持っています。

ここまでやったら、土をかけていきますが、その際、上の20センチの土を先に戻します。ぎゅうぎゅうに押さないで、ふんわりと土を戻します。空気層が残るようにイメージして戻します。戻し終わったら、今度は下20センチの土を戻します。そして、畝を作るために高く盛り上げていきます。土が足りない場合は、両サイドの土を掘りながら積み上げていき、畝を作ります。

このようにしておくと、土の中で有機物が空気を使わないで発酵しながら分解が始まります。いわゆる味噌と同じ状況ですが、味噌よりも空気が入っていますので、それほど長い時間はかかりません。だいたい2～3ヶ月くらいで、有機物の分解が進みます。そして分解された有機物の栄養分である元素は、地下水の上昇によって、畝全体にゆっくりと回ります。月の満ち欠けによって、地下水が上昇、下降する力を利用するわけです。

苗は、畝を作ってから2～3週間ほど経ったら、植えつけます。そのときはまだ有機物の分解は進んでいませんので、

〈小規模の土壌改良②〉

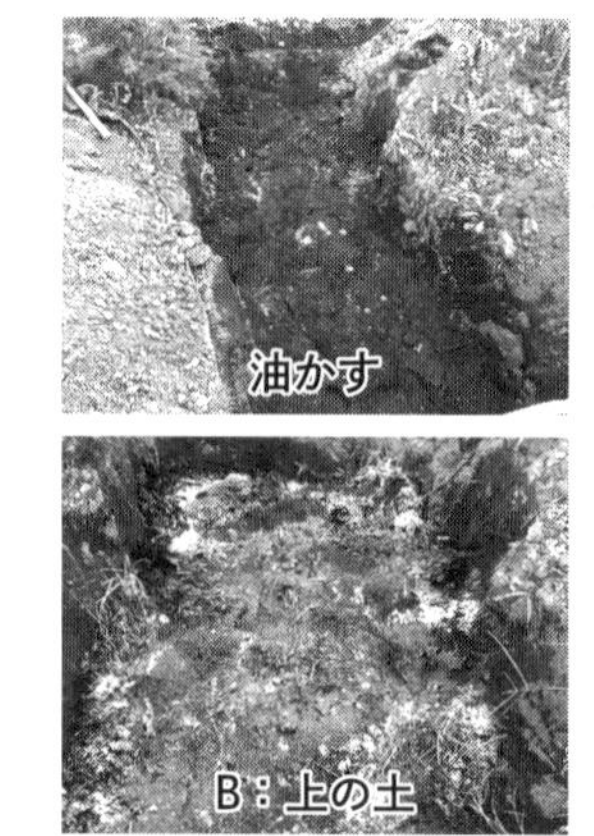

今植えた作物に効くわけではありません。あくまでも、自然界の有機物の循環、もっと正確に言うなら窒素の循環が止まってしまっていた畑の土を、この方法でよみがえらせるわけです。一度循環が始まれば、作物の栽培を放棄しない限りは循環が続きます。植物を何も育てない状態が続いてしまうと、その循環も止まりますので、作物が途切れないように栽培を続けてください。

畝ができたら、3週間ほどして苗を植えつけますが、その際に気をつけることとして、苗への水やりは出来るだけ下から吸わせます。植物は下から水を吸い上げるものなので、上から水やりするよりも、下から水を上げげた方がストレスがなく、水を吸い込みます。そして、畝に苗を植えていきますが、そのとき、必ず苗土をほぐして、苗土を可能な範囲で取り除きます。必ず畝の方には水をかけないで、乾いた状態で植えつけます。水が内側から外側に向かって染み出すように植えつけることで、根を外向きに向かうように癖をつけます。そして、苗を植えつけたら、土は裸にならないように枯草などを敷き込みます。

〈畝の比較〉

何もしていない畝

土壌改良をした畝

同じ時期、同じ苗を植えているのに、結果が全く違う。土壌改良に成功すると、畝は自然の状態を取り戻してくれるのが、この比較で一目瞭然である。

高畝と平畝

セミナーでよく畝の高さを聞かれることがあります。これはとても大事なポイントですが、高さを考える場合、マニュアル的に考えていたのではうまくいきません。例えば平畝がよいとする作物でも、水はけが悪い場所であれば、少し高畝にするべきでしょう。あるいは、土がとても重たい粘土質の土なら、乾かすために高畝にすることもありますし、逆に水が抜けやすい砂地であれば、平畝で行く場合もあります。そこで、まずは畑の状況を確認します。

もちろん、基本的に水が好きな作物か、嫌いな作物かという分類はあります。トマトのような乾燥地帯の作物は、畝を高くして水はけのよい状態を作りますし、湿地帯のナスのような作物なら、水枯れがしないように低めに畝を作ります。これらの目安としては、その作物の原産地がどこかということになります。乾燥地帯の作物ならば高畝にして水はけをよくします。湿地帯なら平畝で作ります。原産地を見るのが一番確実で、作物ごとに高畝、平畝を分けて覚えておく必要はありません。

高畝といっても、50センチの場合や、30センチの場合もあったりします。これは、その畑の地下水位の位置に比例します。地下水位が高い畑なら、水から最低でも50センチ離すために、少し高めに畝を作ります。水が抜けやすい畑なら30センチぐらいに高畝、水が溝にたまりやすい畑なら高めに、水が染み込みやすいなら低めにという風に考えます。

ちなみに、畝幅をどのくらいにするかもポイントです。畝幅とは、畝の横の通路の真ん中から、次の通路の真ん中までを言います。床幅とは、畝の上の幅を言います。無肥料栽培では、一度作った畝は出来るだけ使い続けますので、この幅をあまり狭くしません。畝幅としては120センチ、床幅としては90センチぐらいが使いやすいでしょう。

雑草たい肥

無肥料栽培で、どんなに土について気を使っていてもやせてしまうことはあります。やはり畑となると、自然環境のままに放っておくことはできず、人の手によって土をかき混ぜ、草を抜いたり

■水が必要な作物は平畝
□湿地帯が原産の作物
□ナス、里芋

120センチ

10～15センチ

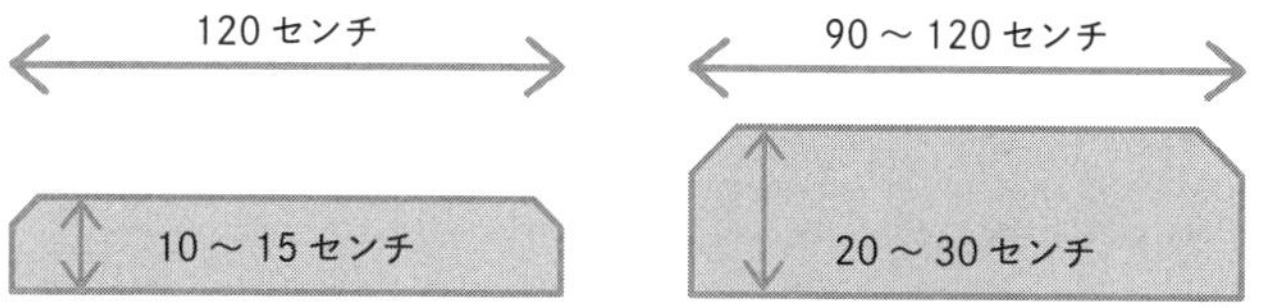

平畝

・水持ちがよいが水たまりにはならない

■水が嫌いな作物は高畝
□乾燥地帯が原産の作物
□トマト、ジャガイモ

90～120センチ

20～30センチ

高畝

・水はけがよく乾燥した畝になる
・横からの光で保温効果がある
・土が柔らかい

原産地	作物名
中国（乾燥）	白菜、大豆、ねぎ
インド（湿地）	きゅうり、ナス、里芋
中央アジア（湿地）	大根、ニンジン、玉ねぎ、からしな
近東（湿地）	メロン、ニンジン、玉ねぎ、レタス
地中海岸（湿地）	キャベツ、アスパラガス、セルリー
南メキシコ・中央アメリカ（乾燥）	いんげん、とうがらし、とうもろこし
南米（乾燥）	トマト、じゃがいも、いちご、落花生

刈ったりするからでしょう。それが起きないようにできるだけ土を壊さずに管理していくわけですが、もし壊れてしまえば、復元させるために、再度大きな手間をかけなくてはなりません。そこで、事前に自然環境に近く、かつやせていない土を畝とは別に自作しておき、やせた畝に追加して利用するという方法も検討しておいてよいでしょう。

ここでは『雑草たい肥』と表現していますが、決して肥料ではありません。その作り方を簡単に説明しておきます。

土というのは何もしなければやせます。自然界はどうやって土を守っているかというと、生きた雑草、枯れた雑草、落ち葉、土壌動物、土壌微生物、あるいは動物そのものや糞などで土が絶えず作られています。前に書いたように、それらが窒素、リン酸、カリウムだけでなくミネラルの供給源となっています。この自然を真似て、人間の知恵を使ってスピードアップした形で土を作ります。

まず、畑の土(25%)を使います。現在の畑の土の土壌微生物を利用することができます。そこに枯葉または腐葉土(50%)を混ぜ込みます。もちろん雑草でも構いません。これらが土壌微生物によって分解されれば、ミネラルが作られます。特に草は、カリウム分が多く、それ以外にもカルシウムやマグネシウムなどが豊富に含まれています。

次に、ピートモスを入れます。ピートモスとは苔のことです。苔は地球の生命誕生のスターター的役割でもあります。地球に雨が降り、水たまりができ、苔が生えます。この苔は自分の体積の7倍もの水を保水し、かつ微生物を育て、自らが枯れて栄養分となって堆積していきます。この苔があるからこそ、植物は最初の芽を出すことができます。石垣を組み上げると、必ず最初は苔が生えてきます。そしてそこからやがて植物が芽吹きます。それだけ苔というのは栄養価の高い有機物ということになります。これらは買うこともできますし、沼などで採取し、乾燥させておいてもよいでしょう。

ただし、このピートモスは酸性度の高い資材です。これを混ぜ込むと土が酸性に偏ることがあります。そこでアルカリ性のものを追加します。アルカリ性のものとして、無肥料栽培で考えられるのは草木灰です。草や木を燃やしたものですから、カリウム、カルシウム、マグネシウムなどのアルカリ性の高いものや、その他の金属系の元素を含みますので、植物を成長させるポイントとなります。通常は枯草そのものを投入するだけでもよいのですが、草木灰にしていると、窒素や水素が抜けますので、金属元素として即効性が生まれます。これらは購入することもできますが、雑草を集めて燃やせばそれで大丈夫です。できればそうして作った方がよいでしょう。これはもみ殻くん炭でも構いません。その場合、カリウムやカルシウム、マグネシウムは少なくなりますが、土のアルカリ性を維持するという意味ではとても役に立ちます。

そこに米ぬか(10％)を混ぜます。ここでは10％としていますが、もう少し多くても構いません。米ぬかは前に書いたようにリンを保有しているので、リンの補給になりますし、もちろん窒素の補給にもなります。かつ乳酸菌による発酵促進になりますので、早く土が出来上がります。

油かす（5％）は、窒素の補給と、米ぬかと同じく発酵促進です。油かすが発酵するわけではありません。あくまでも米ぬかの発酵を助けるという意味です。とにかく油かすはタンパク質ですから、分解されれば窒素の供給源となりますので、油かすが手に入るのならば、混ぜておくことをお勧めします。ただし、現在、遺伝子組み換え菜種の油かすが多いので、できれば遺伝子組み換えではない菜種のものがあれば、手に入れておくとよいでしょう。

これらをよく混ぜ込んだら、水をかけて湿らせます。米ぬかは湿ると発酵を始めます。米ぬかの力で発酵が始まれば、有機物の分解が促進され、早めに肥えた土が出来上がります。なお、発酵には温度も必要ですので、シートなどをかけて保温しておいた方がよいと思います。ただ、かけっぱなしにすると、空気がなくなり、発酵が嫌気発酵にな

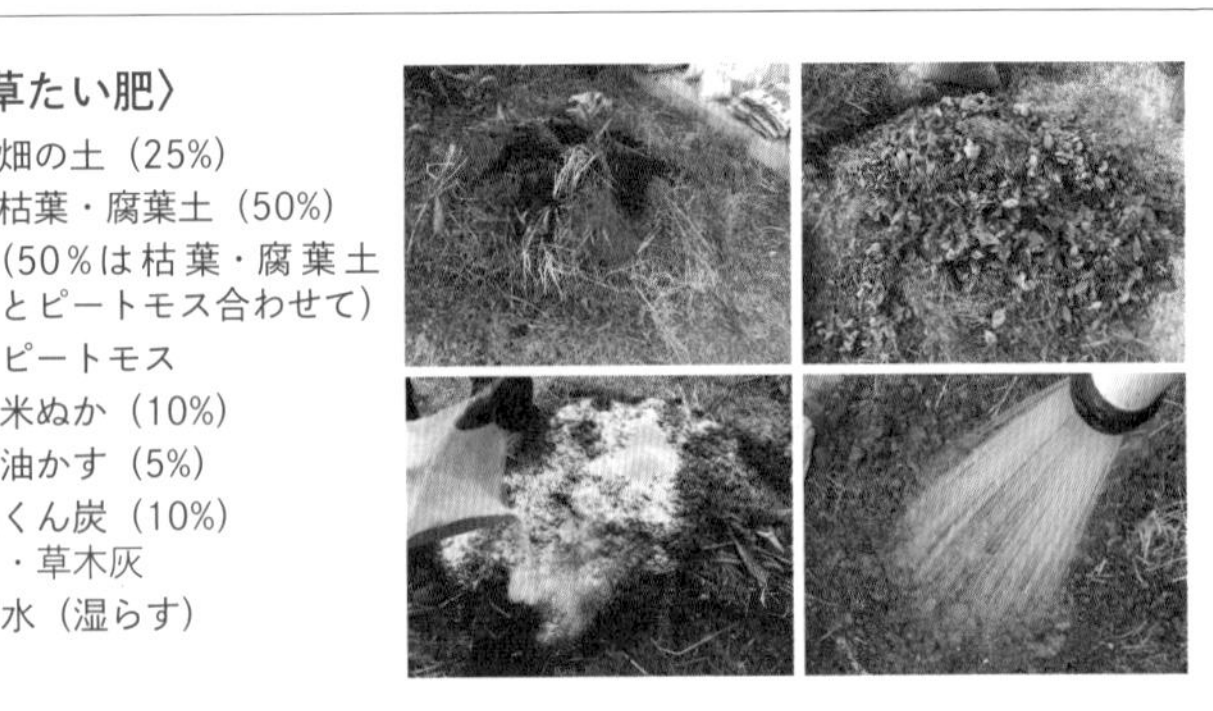

〈雑草たい肥〉

- □畑の土（25%）
- □枯葉・腐葉土（50%）
  （50%は枯葉・腐葉土とピートモス合わせて）
- □ピートモス
- □米ぬか（10%）
- □油かす（5%）
- □くん炭（10%）
  ・草木灰
- □水（湿らす）

ります。それでももちろん構わないのですが、嫌気発酵ですと時間がかかりますので、時々三本鍬(さんぼんくわ)などでかき混ぜて、空気を混ぜ込む方がよいでしょう。空気が入ると好気発酵も行われるので、土づくりが早くなります。

これらの土は3ヶ月経過してから使えるようになります。最初の頃は糸状菌と言われるカビ系の菌が出てきます。発酵が始まり温度が上がれば消えていくのですが、糸状菌は大きな有機物を分解する菌であり、それが大量に残っている土だと、植物の根っこまで糸状菌によって分解されてしまい、病気になりがちです。

3ヶ月たったら、畝を作り直したり、畝高が低くなった時に、この土を畝の表面にかけます。それだけで、肥えた土が再現します。

ボカシ液肥

「ボカシ液肥」は、土というよりも肥料と考えた方がよいでしょう。材料は雑草たい肥と変わりませんが、こちらは作物の成長が悪い時に、追肥として畝にかけますので、肥料と捉えられます。そのため、無肥料栽培というよりも、植物性肥料により有機栽培の分類になりますので、これを使用するかしないかは、栽培者の判断になります。しかし、何も入れない、何も足さないことにこだわりすぎると、栽培に失敗することがありますので、家庭菜園であるならば、僕は使用してもよいと考えています。

40〜70ℓのフタのあるバケツに、ピートモス（50％）、米ぬか（35％）、油かす（5％）、くん炭（10％）または草木灰を入れます。これらの材料は、先に説明した雑草たい肥と基本は同じです。ただ、葉を入れずに、ピートモスだけで作るということと、土は使いません。

これらの材料を入れたら、たっぷりと水を入れます。水によりバケツの中は嫌気性になります。ですから、発酵は遅く、もしくは発酵しない状態となります。しかしたっぷりの水が入っていますので、米ぬかや油かすはやがて分解を始め、水の中に植物成長に必要なミネラルが溶け出ることになります。水溶性のミネラルは水の中に、水溶性ではないミネラルは溶け始めている材料の中にあります。これを週に2、3度かき混ぜながら管理します。夏は非常に強いにおいがしてきますので、苦手な方は使用しないでください。

〈泥炭ボカシ液肥〉
（バケツで作る）

材料
□ピートモス（50%）
□米ぬか（35%）
□油かす（5%）
□くん炭（10%）
□水（浸す）

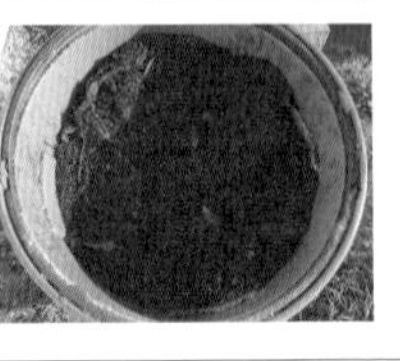

ちなみに水溶性のミネラルとは、ナトリウム、カリウム、カルシウム、鉄、銅、亜鉛、リン、マンガン、ヨウ素など、多くの植物の必須元素です。

これを、例えば無肥料では必ず成長の悪くなる、玉ねぎ、にんにくなど、ユリ科の作物などに液肥の追肥として利用します。他には『肥料食い』と言われるスイートコーンとかナスでしょうか。ただし、これを使うと無肥料栽培と呼ぶのはやめておいた方がよいかもしれません。

苗土

次に苗土です。苗を作る時に苗ポットに入れる土のことです。この土を畑の土だけでやるとうまくいかないときがあります。それは、土に有機物が少なく、あるいは腐植が少なく、かつ水を与えることでミネラルが流れ出て、土が硬くなってしまうからです。そうすると、土が石のように固くなり、根を出したばかりの赤ちゃんの苗は根を伸ばすことが出来なくなり、成長が止まります。これを防ぐために、畑の土にいくつかのものを混ぜ込みます。

まず、畑の土(50％)に対し、ピートモスまたは、枯葉腐葉土(20％)を入れます。これはミネラルの補充です。水によってミネラルが抜けてしまうことを想定して、ミネラルの多いものを入れています。

基本的に、水はミネラルの多い、雨水を使用した方が、土が生き生きとします。水道水と雨水とでは似て非なるものです。地下水でもよいでしょう。これなら、ミネラルが抜けてしまっても自然と補充することになります。

そこに赤玉土（20％）を混ぜ込みます。赤玉土は保水性があるばかりか、小粒ですが普通の土よりも粒が大きいので、土の中にすき間ができます。すき間があれば空気が残りますので、好気性の菌が繁殖しやすくなります。

これと同じような目的で、バーミキュライト（5％）を入れます。これもすき間を作るという意味と、赤玉土とは逆に、排水性をよくします。バーミキュライトとは、軽石のことです。土とくっつかないので、すき間ができるのですが、これで団粒化した土と物理的に似せることができます。そしてもみ殻くん炭（5％）を入れます。ピートモスと、もみ殻くん炭または草木灰はセットと考えてください。ピートモスが酸性、くん炭がアルカリ性だからです。酸度を調整する役割がありま

〈苗土〉
- 畑の土（50%）
  - □作成済みの雑草たい肥の方が良い
- ピートモス（20%）
  - □または、枯葉腐葉土
  - □枯葉・米ぬか・油かす、水を混ぜて好気発酵で３ヶ月
- 赤玉土（20%）
- バーミキュライト（5%）
- くん炭（5%）

す。これを作ったら、時間を置かずに使えます。すぐにポットに入れて種をまいて使えばよいでしょう。

簡易踏込み温床（おんしょう）

「踏込み温床」とは、春の苗づくりの際、苗を温めて発芽育成を速めるためのものです。枯葉、ワラなどを何層にも重ね、踏んで作ることから踏込み温床と言います。通常はビニールハウスの中で作り、発酵により温度が上がれば、その上に苗を並べておきます。これを畑で簡易的に作ることもでき、その場合、後から土を混ぜることで富栄養の土を作ることもできるのでとても便利なものです。

通常の踏込み温床の内部温度は60度まで上がりますが、この簡易温床は発酵に成功しても、せいぜい40度までです。しかし、苗を保温するには十分な温度です。

では作り方です。最初に穴を掘ります。40～50センチほどです。ここにまず枯葉、そして刻んだわら、青野菜のくず、米ぬか、油かすを順番に入れていきます。量はこのひとかたまりが5層以上できる程度で考えます。一層作る度に水をかけていきます。水は、踏んだ時に水が染み出すくらい多めの水になります。水を入れたら、十分に踏み込んでください。踏み込み終わったら、再びこれを繰り返します。大きさや材料の量によりますが、5～10層ほど繰り返します。最後は枯葉で終わります。

本来は鶏糞を使用するのですが、無肥料の場合は、動物性糞は使用せず、その代わり青野菜クズ、油かすを使用します。ただし、青野菜が入るためコバエが発生しますので、あまり多く入れないこと。コバエが嫌な方は使わないで行ってもよいでしょう。

発酵が始まるまでに数日から10日ほどかかります。温度計を挿して30度を超えてくれれば成功です。仮に温度が上がらなくても、土の上に置くよりは暖かいので、役には立ちます。そこに苗を入れた苗トレイを並べ、ビニールトンネルをしておきます。ガスが発生するので、ビニールは穴あきが好ましいです。

中の室温が昼間は40度を超える場合があるので、その場合は少し換気をして温度を下げます。踏込み温床は夜の温度を保つのが目的なので、夜に温度を測り、室温が20度を下回らなければ安心です。

苗づくり

苗土と苗用の踏込み温床ができたら、苗を作ります。

苗土を10・5センチポットに入れます。入れる量はポットのギリギリまでです。少なすぎると、双葉が出るときはよいのですが、本葉が出るときに、苗ポットから顔を出すまで茎が伸びてしまうことがあります。これを「徒長苗（とちょうなえ）」と言いますが、そうならないように土は多めに入れます。水をかけているうちに土も締まっていきますから、多すぎるということはありません。

なお、「セルトレー」という小さなポットがたくさん連結されているものもありますが、それを使うと「鉢上げ」という作業が必要になります。苗を大きなポットに移し替えていく作業ですが、それをやるとどうしても根が弱くなりますので、無肥料ではあまりやりません。

苗土を入れたら、水をかけて、土を濡らします。この際、わずかに湿らす程度で大丈夫です。多くかけてしまった場合は、水が少し抜けるのを待ってから、次の作業に入ります。

苗ポットに土を入れたら、真ん中に小さなくぼみを作ります。この時、指を押し込むように深く穴をあけると、芽が出るまでに時間がかかりますので、浅めで大丈夫です。種は好光性種子と言われる、発芽に光が必要とするものが多いので、浅く埋める方がよいとされています。

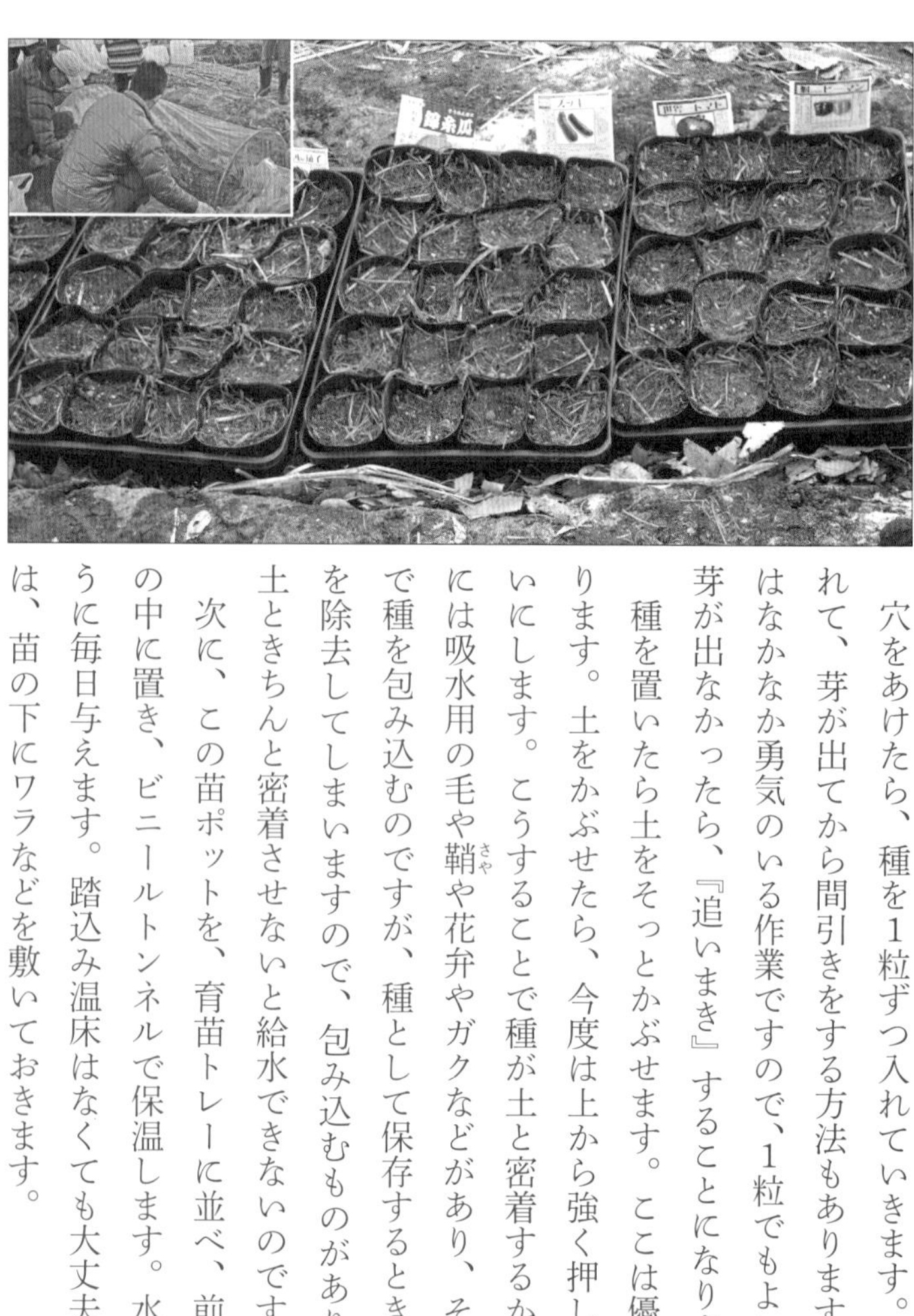

穴をあけたら、種を1粒ずつ入れていきます。種は2粒や3粒入れて、芽が出てから間引きをする方法もあります。しかし、間引きはなかなか勇気のいる作業ですので、1粒でもよいと僕は思います。芽が出なかったら、『追いまき』することになりますが…。

種を置いたら土をそっとかぶせます。ここは優しく行う必要があります。土をかぶせたら、今度は上から強く押して、少し凹むぐらいにします。こうすることで種が土と密着するからです。本来、種には吸水用の毛や鞘（さや）や花弁やガクなどがあり、それらが濡れることで種を包み込むのですが、種として保存するときは、そういうものを除去してしまいますので、包み込むものがありません。すると、土ときちんと密着させないと給水できないのです。

次に、この苗ポットを、育苗トレーに並べ、前述した踏込み温床の中に置き、ビニールトンネルで保温します。水は土が乾かないように毎日与えます。踏込み温床はなくても大丈夫ですが、その場合は、苗の下にワラなどを敷いておきます。

第3章

草を観察する 編

草管理と虫対策、病気対策、野菜の手入れ方法

抜くべき草

僕が勧める無肥料栽培は草生栽培ではありますが、雑草という雑草を全て残すということはしていません。基本的には雑草のコントロールをし、作物栽培の邪魔になる草を減らし、作物の助けになる草を残していく管理方法を行っています。

邪魔になる草、助けになる草といっても、これればかりは経験値ですし、必ずしも邪魔になる助けになるとは限りませんので、自分の畑で検証することが必要です。

まず、作物の成長を阻害する草とは、例えばイネ科のように毛細根が地上部を覆うタイプや、地下茎で作物のからむもの、背が高くて光合成を阻害するものを言います。作物の助けになる草とは、地表面を守る、虫を寄せつけない、成長を助ける、栄養分を与えるという草です。具体的に紹介します。

例えば、チガヤなどは根が深く、毛細根は地上部を覆い、地表面の水分を横取りします。作物の毛細根も地上部にはうものもあるので、邪魔をすることがあります。ヤブカラシやカナムグラやクズのような、つる系の草は作物にからんで倒したり、作物の光合成を阻害します。ササやセイタカアワダチソウなどは、42ページで前述したアレロパシーを持っており、他の植物の成長を阻害するような化学物質を出し、作物の成長などを阻害します。その他、オオアレチノギクやアカザ、シロザなどは、とても背が高くなり、光合成を阻害するため、背が高くなる前に取り去る必要があります。ヒメクグやハマスゲ、あるいはコウブシなどは、地下茎の先に球根を持つので、繁殖力が強く、あっという間に作物を駆逐（くちく）します。

とはいえ、背の高い草は土を柔らかくし、地下茎の草は土を耕してくれるので、上手につき合う必要もあります。地下茎の植物を全て取り去ろうとしても、広い範囲の場合は無理なので、作物にからみそうな部分を取り去るだけでも大丈夫です。もちろん全てを消し去ろうとするならば、防草シートなどで覆って、光合成を阻害すれば根ごと消えますが、その間、畑は使えないということになります。

いずれにしろ、畝の上には、雑草を生やすよりも、食べられる作物で覆ってしまい、雑草の数を減らすというのが最もよい方法です。畝の土の酸度を弱アルカリ性にし、雑草が生えにくい状態を作るのも一つの方法です。

〈抜くべき草の一例〉

- **チガヤ**　根が深く、水分を横取りする
- **ヤブカラシ**　作物にからみ、光合成を阻害する
- **ササ**　根が横に張り、アレロパシーで作物成長を阻害
- **ギシギシ**　繁殖力が強く光合成を阻害する
- **クズ**　作物にからみ、光合成を阻害する
- **セイタカアワダチソウ**　アレロパシーで作物成長を阻害
- **オオアレチノギク**　太陽光をさえぎり、光合成を阻害する
- **アカザ**　太陽光をさえぎり、光合成を阻害する
- **シロザ**　太陽光をさえぎり、光合成を阻害する
- **ヒメクグ**　地下茎で作物の根の成長を阻害する
- **ハマスゲ、コウブシ**　地下茎で作物を成長を阻害する

チガヤ

セイタカアワダチソウ

　では、雑草の中で作物の成長を助けてくれる、抜かない草について説明します。とはいえ、どの草もいつも助けてくれるわけではなく、もちろん繁殖し過ぎれば作物は負けてしまいます。なぜなら、雑草というのは、その地に綿々と種を落とし続けている、最強の在来種だからです。そこに海外から来た種の野菜を植えても、勝てるはずがありません。ですから、ほどよく草とつき合いながら無肥料栽培を続けてください。

　具体的には、例えばヨモギです。このようなキク科の植物は、一般に虫除けになると言われています。ハキダメギクなどもそうですが、キク科が作物の周りにあると、虫がその草を食べたときに、植物が毒を出しますので、虫の絶対数は減り、作物の虫食いは確かに減ります。ただ、さすがに虫もゼロにはならず、かつヨモギは地下茎の植物ですので、生えすぎると作物の成長を阻害するので、適度に生やすか、ヨモギの代わりに春菊などを利用した方がよいでしょう。

　ハコベやカラスノエンドウ、スギナなどは土壌を弱酸性にします。これらは酸性度が強すぎる場合に生えてきて、土の状態をよくしてくれるので、とても役に立つ草です。敵として扱う必要はありません。また、カラスノエンドウなどのマメ科は、糖を出すことでアリを呼び、アリがアブラムシをカラスノエンドウに集めるという習性があるので、多くのアブラムシを引き受け、作物の被害を減らしてくれます。また、根粒菌という窒素を土に固定してくれる窒素固定菌と共生関係にありますので、わざわざ取り去る必要はありません。さらに、背も低く、光合成を阻害するどころが、土を紫外線などから守ってくれる草です。そういった意味では、ホトケノザなども、他の雑草の生育を抑えてくれますので、ほどほどに残しておいても問題はないでしょう。

雑草が地表面を覆うのには理由があります。紫外線から守るため、土が乾きすぎるのを防ぐため、虫たちが隠れる場所を作るためなど、あるいは霜など、冷たい空気や水分から守るためであり、もっと言うと、枯れてから土に戻ると、土を弱アルカリ性にしてくれるので、生えてくる意味があります。特に地をはうようなスベリヒユなどは、畑の中に残しておいた方が土を守ることに繋がります。

〈抜かない草の一例〉

ヨモギ　虫の被害を減らす

ハコベ　土壌を弱酸性にする

カラスノエンドウ

□土壌を弱酸性にする
□アブラムシを引き受け、作物の被害を減らす
□他の雑草の生育を抑える

ホトケノザ

□作物の虫の被害を減らす
□地表面を覆い、微生物や作物の根を守る

スベリヒユ

□地表面を覆い、微生物や作物の根を守る

ヨモギ

ホトケノザ

草刈りの方法

ここで、簡単にですが、草刈りをする場合の注意点を書いておきましょう。要点を正しく理解してから草刈りをすると、あっという間に伸びてくる草たちの管理がしやすくなります。ただがむしゃらに刈ればよいというわけではありません。

イネ科は成長点が地表ギリギリのところにあります。そのため、草刈り機などで5センチほど切り残すと、「エチレン」という植物ホルモンを生成して、再生が始まります。むしろ増える場合も考えられますので、イネ科を刈り取るときは土を切るように刃を入れる必要があります。もしくはエチレンが出ないように、作物の背丈より、少し低い位置で切るかです。イネ科がまだ背が低い状態の時は、引き抜く方が確実です。このイネ科はそのまま畝の上の刈り倒しておいて「草マルチ」として利用します。

背の高い草は、あっという間に背丈を伸ばしますので、刈り取る場合は、小さいうちに根ごと抜き取った方が簡単です。根も直根のものが多く、スッポリと抜ける場合が多いものです。ただ、セイタカアワダチソウのような地下茎の場合は別の対策となります。

つる性の草は、成長点がつるを伸ばした先にありますので、つるの先を切るように刈ると勢いが弱ります。増えると大騒ぎになるクズであっても、先を切られると伸びることができません。ただし、どんどん分けつしてきますので、その場合は、再び先端を切りながら管理します。背の低い草は、地表面を守るように生えてくるので、作物よりも高くならないように管理するだけでもよいでしょう。作物よりも低く生えている場合は、むしろ土を守る動きをしますので、残すと判断する場合も多くなります。

地下茎の草は、刈り取っただけでは地下茎が残り、簡単に復活してきます。根を取るのなら全て取り去らないと無くなることはありません。そのため、共生することを考える方が無難です。スギナやヨモギなどは土をよくしてくれますし、セイタカアワダチソウは土を耕してくれます。どうしてもなくしたい場合は、草マルチなどを利用して光合成を阻害させます。光合成できなければ、根もやがて弱っていきます。

地をはう草は、地表面を守るので、出来るだけ残します。スベリヒユやホトケノザ、ハコベなどは土を紫外線から守り、保水性を高めてくれます。

〈草刈りの一例〉

■イネ科

□成長点が地表面ギリギリにあるので土を切るように

■背の高い草

□小さいうちに根ごと抜き取る

■つる性の草

□成長点であるつるの先を切るように刈る

■背の低い草

□地表面を守るので作物よりも低い位置で刈る

■地下茎の草

□地上部を刈り取り、草マルチなどを利用して根を弱らせる

■地をはう草

□地表面を守るので、出来るだけ残す

草を見よ

雑草という名の草はないと言いますが、雑多な草ということであり、多様性があるという意味でもあります。つまり、雑草が生える畑は多様性を維持しているといっても過言ではありません。雑草は、意味なく生えているわけではなく、必ず役割を持って成長していきます。その役割を推測しながら、無肥料栽培に雑草をうまく取り入れるようにしていく方が生産的です。雑草があるからこそ、土が豊かになり作物の成長を助けてくれるわけです。雑草が栄養を取ってしまうという考えは、土壌に肥料を与えるという行為から生まれてくる発想です。与えたから奪われたくないと考えてしまうわけですが、無肥料栽培ではその考えが全く逆転するわけです。少しだけ説明しておきましょう。

メヒシバ、エノコログサというイネ科の役割を僕はこう解釈しています。土というのはやせてくると、とりあえず土の中にミネラルを増やそうと自然界は動き始めます。ミネラルを増やすには、その地に植物が芽生えることです。これらが光合成を行って土に炭水化物を送り込み、また有機物として土に戻り、あるいは雑草を求めて虫が来て、それも有機物となり、やがて分解してミネラルとなっていきます。理屈はそういうことなのですが、現実には、やせた土のため、植物の成長が難しい状況に陥っています。そこで、この時に最初に生えてくるのがイネ科の雑草ではないかと思います。イネ科は葉を広げなくても効率のよい光合成を行える能力があり、種類によっては窒素固定エンドファイトと共生しているので、空気中の窒素を使うことができます。この力を利用して、やせた土地でも、最初にイネ科が生え、土に糖やフルボ酸などを送り込んで微生物を増やしながら、土を少しでも豊かにしようとし始めるわけです。土が豊かになれば、ミネラルが植物に供給できます。そうなればその他の草も生えてきて多様性が戻ってきます。だからこそ、道路際などにはエノコログサやメヒシバが生えているのでしょう。人の手によって土を壊し、アスファルトで埋め尽くしてしまったがための植物の抵抗なわけです。

アカザ、シロザなどのアカザ科は、背が高くなるものがあります。背が高い草というのは根も深くなるため、土を耕すという力を持っています。しかもアカザ科に関しては、土壌中に農薬成分などが多く残っている場合、それらを吸着してくれる力もあります。荒れた地を浄化するのがアカザ科ではないでしょうか。このアカザ科を刈らずに、思い切って背丈を伸ばした後に根ごと引き抜くと、土は一気に柔らかくなり、化学物質の

〈雑草の役割〉

■メヒシバ、エノコログサ（イネ科）

□荒れた地で窒素固定をする

■アカザ、シロザ（アカザ科）

□ナトリウムが多い土壌、農薬除去

アカザ

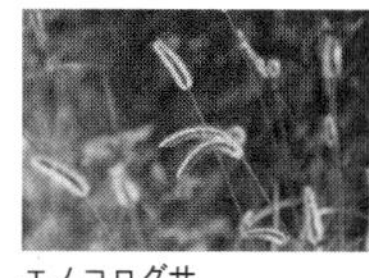
エノコログサ

シロザ

抜けたよい土になっていきます。

クローバー、レッドクローバー、レンゲソウ、カラスノエンドウなどのマメ科は、根粒菌という、窒素を固定する微生物と共生関係にあります。これらの菌は、空気から窒素だけを取り込み、植物に与えるという力を持っています。やせた地には、こうしたマメ科の植物が生えてきて、土を豊かにしていくということが実際に起きています。無肥料栽培でなく普通の栽培においても、わざわざこのマメ科の植物の種をまいて、土に窒素を取り込むという方法を利用することもあります。

ギシギシ、タニソバなどのタデ科は、一つには虫が嫌うという性質があります。タデ科が生えることで、虫たちの絶対数をコントロールするという力もあるのでしょう。しかし、タデ科は弱酸性土壌に生えてくることが多いと思います。これはタデ科が土壌のpHを上げる能力を持っていることが想像できます。畑では、ギシギシが生えてくると、作物は育ちやすくなりつつあると歓迎され

〈雑草の役割〉

■**クローバー、レッドクローバー、レンゲソウ、カラスノエンドウ（マメ科）**

□窒素不足の土壌に窒素を補う

■**ギシギシ、タニソバ（タデ科）**

□弱酸性土壌であり、作物は育ちやすい

ギシギシ

クローバー

レッドクローバー

ます。もちろん、とても根が深く、繁殖力も強い植物ですので、引き抜いてしまうことの方が多いのですが、根が太くて深いので、無理に根絶させようとしても難しい雑草です。これらは、作物を育て始めれば自然と消えていきます。

草を見よ2

ハコベ、ノミノツヅリ、ミミナグサなどのナデシコ科は、地をはうように育つ雑草です。こうした草は、土を守るためにはとても大切な草です。表土が裸にならないようにするというのは、つまりは太陽光の紫外線からの防御、土の保水力の確保、虫たちのすみかの確保、寒さから防御もあるでしょう。酸性雨による酸性化を防ぐという力も持っています。また、長く花を咲かせる草や、冬の間に花を咲かせる草などもあり、これらはミツバチの蜜源にもなります。植物によっては「虫媒花（ちゅうばいか）」という、虫によって受粉する植物もありますから、虫がいなくなることは植物にとっては子孫を残せないことを意味しますので、花を咲かせる草は大切にしなくてはなりません。

イヌビユ、スベリヒユなどのヒユ科も、基本的に地をはうように育ちます。土の保護という意味もあり、糖を持つものも多く、これらは動物の食源になるわけです。動物と植物は共生関係にあるということを忘れてはなりません。

ナズナ、タネツケバナなどのアブラナ科もやせた地に生えてきます。これらもイネ科と同じような役割をしていると考えています。また、虫が増えすぎても困りますので、増殖を防ぐために、イソチオシアン酸アリルという毒物を出すものもあるようです。アブラナ科はやはりやせた地を豊かにするためには必要な雑草ではないかと考えています。

イチビ、ムクゲ、フヨウ、オクラなどのアオイ科は、大きな花を咲かせます。大きな花は、もちろんミツバチなどを呼び込む力が強いので、アオイ科の植物を畑の周りに残しておくなどの方法も有効と思います。蜜源としての存在させておけば、虫媒花であるウリ科などの受粉もスムースに行く可能性があります。

〈雑草の役割〉

■ハコベ、ノミノツヅリ、ミミナグサ（ナデシコ科）

□長く花を咲かせることでミツバチの蜜源に

■イヌビユ、スベリヒユ、アマランサス（ヒユ科）

□糖を持つ。動物の食源になる

ハコベ

スベリヒユ

■ナズナ、タネツケバナ（アブラナ科）

□虫たちの増殖を防ぐ（イソチオシアン酸アリル）

■イチビ、ムクゲ、フヨウ、オクラ（アオイ科）

□大きな花で蜜源としての存在

ナズナ

ムクゲ

草を見よ3

ヨモギ、ノボロギク、ハキダメキグなどのキク科やホトケノザなどのシソ科は、殺虫成分や香りなどにより、虫の増殖をコントロールしていると考えています。キク科の中には強い毒性を持つものもあり、そうした力が、虫の増殖による植物の成長阻害を防ぐのでしょう。また、冬の間に生えるこうした草は、やはり表土を守ってくれます。背があまり高くならないようであれば、ある程度、畝の上では残しておくという栽培方法も有効だと思います。

スギナのようなシダ科で、地下茎の植物はとても嫌われる植物です。確かに地表面に多くの根を張り、作物の成長を阻害することがあります。ですので、完全に放っておくというわけにもいかないでしょうから、作物を植えるところではある程度刈り取り、根を除去することをします。ただ、地下茎ですので、人間の手で完全に消滅させるのは難しいでしょう。それよりも、これらの草の役割を知って利用する方が得策です。

スギナは酸性土壌を弱アルカリ性にするという力を持っています。スギナの葉には多くのカルシウムが含まれており、これらが枯れて土壌に戻ると、土を弱アルカリ性にします。つまり、スギナが多いということは、土が酸性に寄っているサインですので、草木灰などのアルカリ性のものを土の中に混ぜ込んでおくという対処方法があります。いずれにしろ、スギナによって土壌が弱アルカリ性になれば、やがて消えていく草です。草を取り除いてしまうような畑ですと、スギナはいつまでも生えてくるのです。また、地下茎で土を耕すという能力もありますので、決して敵にする必要はありません。

色々な草について書きましたが、基本的には雑草コントロールは必要です。作物は弱い植物ですので、ある程度のフォローは必要なわけですが、畑によい草として、クローバー、カラスノエンドウ、ナズナ、スギナ、ハコベなどがあることは覚えておいて損はないでしょう。

■ヨモギ、ノボロギク、ハキダメギク（キク科）

■ホトケノザ（シソ科）

□殺虫成分や香りなどにより、虫の増殖をコントロールしている。

ハキダメギク

ノボロギク

■スギナ（シダ科）

□酸性土壌を弱アルカリ性にする。地下茎で土を耕す

■畑によい草

□クローバー、カラスノエンドウ、ナズナ、スギナ、ハコベ

ナズナ

カラスノエンドウ

第4章

病害虫 編

草管理と虫対策、病気対策、野菜の手入れ方法

土壌生物

無農薬の野菜栽培では、虫食いが栽培の意欲を失わせてしまうことがあります。安全な野菜を作ろうとして、農薬を使用しなければ、やはり虫がやってきて野菜を食い荒らすわけですが、がっかりする必要はありません。虫がやってくるのにもちゃんと理由があります。この理由を正しく理解していれば、実は虫食いを減らすことは可能です。どんな役割があるかは、虫自体が教えてくれています。

無肥料、無農薬栽培においては、虫の観察がとても大事であるということです。

虫と一言で言っても、野菜と共生する虫と、野菜に被害を与える虫がいます。人間は『益虫と害虫』という分け方をしますが、虫に取ってみれば迷惑な話です。単に生命活動をしているだけですから。

とは言っても、人間都合で増やしたい虫と減らしたい虫がいるのは事実ですので、少し整理しておくことにしましょう。

まず、作物と共生する虫とは、例えばミミズ、アブラムシ、甲虫類、ハチ類、クモ類、チョウ類です。アブラムシや甲虫類、チョウは、もちろん野菜を食い荒らすこともありますが、実は野菜にとっては必要な虫です。ミミズはご存じのように、葉などの有機物を分解し、糞をすることで土を団粒化していきます。ネキリムシも同じような仕事をしていますが、少々食欲が旺盛なようです。アブラムシは栽培者の天敵のように言われますが、「摘心（てきしん）」と「間引き」という大切な仕事をしています。甲虫類は小さな虫を食べてくれますし、受粉という役割も担っています。ハチ類が受粉の役立つのはご存知でしょう。それだけでなく、作物にとって困る虫の数も減らしてくれています。クモ類も、小さな虫を食べることで、作物への被害を食い止めていますし、チョウに至っては、リン酸など、植物が成長するのに必要な栄養を補給しています。

野菜に被害を与える虫としては、ネキリムシのようなコガネムシの幼虫や芋虫があります。これらは取り去りはしますが、他にも大切な役割もありますので、必ずしも敵にはしません。ハモグリバエやテントウムシダマシも、少々被害が大きくなる虫です。とはいえ、作物の成長に欠かせない存在だったりもします。個体数を減らすべき虫、管理によって役割を作り出さないようにする虫などがありますので、詳しく紹介していきましょう。

〈野菜と共生する虫〉

□ミミズ、アブラムシ、甲虫類、ハチ類、クモ類、チョウ類
- ・ミミズの役割
  - ◆有機物分解と団粒化
- ・アブラムシの役割
  - ◆摘心と株選抜のため
- ・甲虫類の役割
  - ◆小さな虫を食べる 受粉
- ・ハチ類の役割
  - ◆受粉
- ・クモ類の役割
  - ◆小さな虫を食べる 受粉
- ・チョウ類の役割
  - ◆リン酸補給

〈野菜に被害を与える虫〉

□イモムシ――ネキリムシ
□ハモグリバエ
□テントウムシダマシ

ミミズ

ジョロウグモ

虫たちの関係

虫の世界というのは食物連鎖により成り立っています。それは動物界においても同じです。田畑での鹿や猪の被害が増えたのも、オオカミという存在がいなくなり、人間がそれに取って代わった後、人間は鹿や猪を捕獲しなくなったからとも考えられます。作物で虫食いが激しい場合は、たいがい虫の食物連鎖が狂っているからです。

例えば、アリはアブラムシを利用して糖を集めます。アブラムシが多いということはアリも多いという可能性が高くなります。アリはカメムシを怖がりますので、アリが多いということはカメムシが少ないとも考えられます。よって、カメムシを全て退治すると、アリが増え、やがてアブラムシが集まるということが起きます。アブラムシを食べるテントウムシやアブが減っていますので、アブラムシは増えるばかりです。

カメムシは寄生バチを怖がりますので、寄生バチが減ってしまうと、カメムシが増えます。寄生バチは、虫の幼虫のおなかで子供を育てますので、とても怖がられているハチなのです。この寄生バチを増やすのがネキリムシです。ネキリムシを退治するから寄生バチがいなくなり、結果ほかの虫が増えるということです。

その他、ヨトウムシやコナガなどによって葉野菜が食われることがあります。これはバッタやクモがい

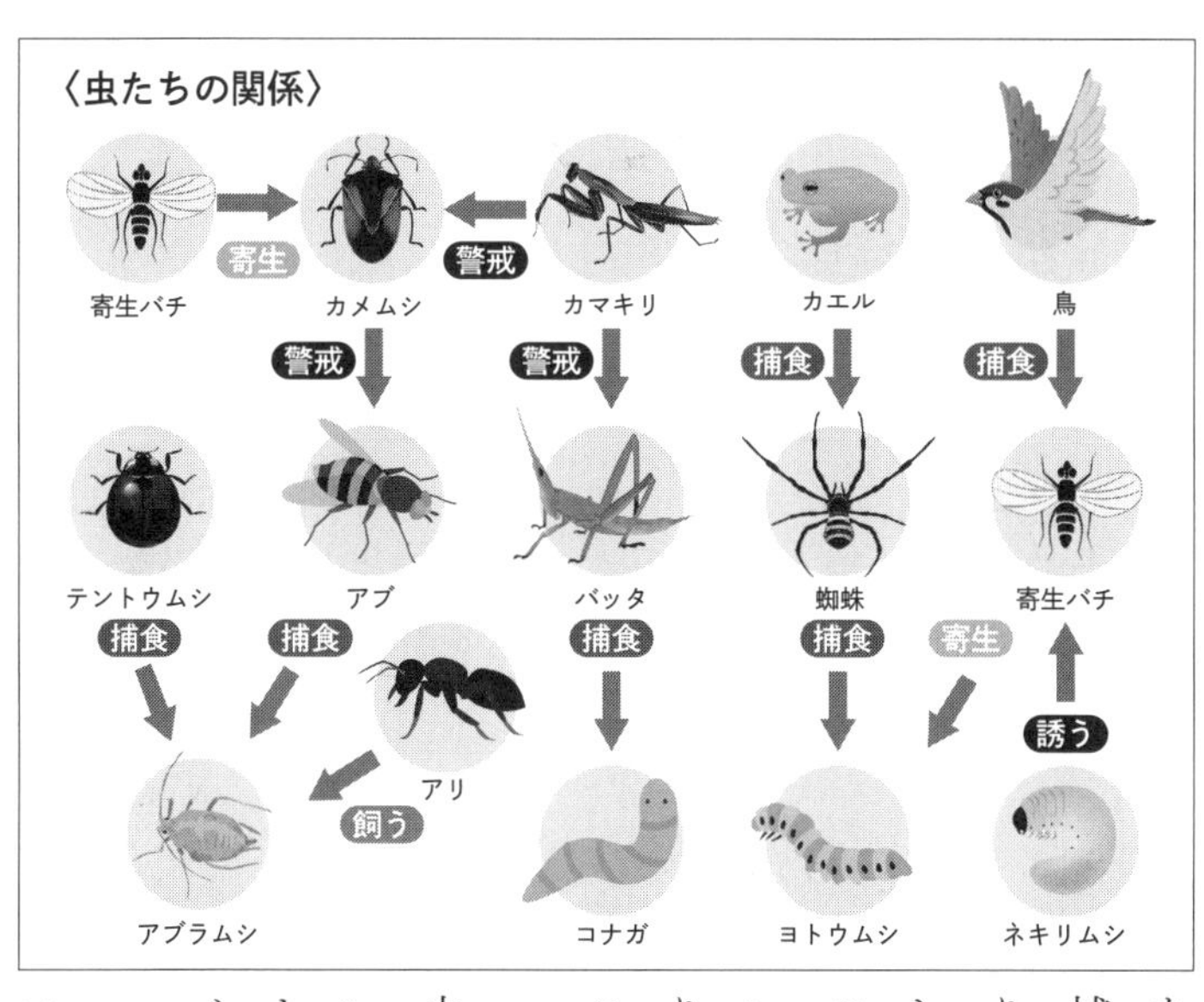

なくなっているからで、それらがいれば、ガやチョウが捕獲されたり、怖がって来なくなりますので、個体数が減ります。また、バッタは、ヨトウムシを食べてしまいます。しかしバッタが増えすぎても困ります。バッタが増えるのはカエルやカマキリがいないからです。あるいは鳥がいないからと考えられます。そこで、畑のそばに川を作り、カエルを増やしたり、鳥の餌を置いて、鳥を呼び込むことで、食物連鎖を復活させる必要もあります。

つまり、作物の影響のないカエルなどが増えれば、虫の個体数が減ってきますので、結果的に作物の虫食いが減るという現象が起きます。鳥が来るだけで、アオムシが減るということも起きますし、コオロギやバッタも減るということです。

要するに、畑の虫たちの共存を考え、個体数をコントロールするという方が理にかなっているということです。

アブラムシの仕事

アブラムシの被害というのは、野菜の栽培をする方はほとんどの場合で経験するものです。僕もご多分にもれず、アブラムシに悩まされたので、アブラムシについて色々と観察してみました。

アブラムシは､何をやっているのか。その事を知るために､アブラムシが何を好んで植物に集まるかという事を調べてみると､植物が持つアミノ酸を摂取するためであることが分かります。アミノ酸は若芽の部分に多く存在するので､アブラムシは成長点を食い荒らしてしまうわけですが､アブラムシにとっても植物は栄養源ですから､成長点を食べて成長を止めてしまうのには必ず理由があるはずです。

そこで、小松菜に集まるアブラムシを、駆除する畝と駆除しない畝を作って観察したところ、不思議な事に、駆除した列は全滅し、駆除しなかった列は見事に残るという逆転現象が起きました。よく見ると、アブラムシが集まる株の隣りの株は無傷のようです。この事から推測できるのは、植物は虫食いにあうと、『周りにその事を知らせるという力があるのでは』ということです。事実、植物が持つエンドファイトと呼ばれる微生物は、そのような動きをするようです。結果的には、飛び飛びに無傷の株が残る事になるのですが、これにより、『アブラムシが間引きをしているのでは』という推測が出来ます。彼らこそが野菜の栽培者ではないかと想像できるわけです。

〈アブラムシの仕事〉

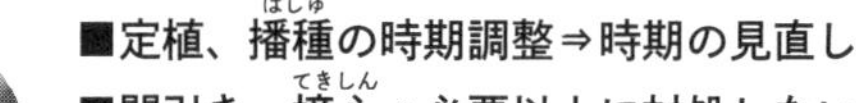
■定植、播種（はしゅ）の時期調整⇒時期の見直し
■間引き、摘心（てきしん）⇒必要以上に対処しない

アブラムシ

アブラムシを取ってしまった株は、そのことを周りに伝える事が出来ず、生き残ったアブラムシが翅（はね）アブラムシを産み、翅アブラムシは隣りの株へと移っていき、結局、全滅してしまうということが起きている可能性があるわけです。つまり、アブラムシは間引きをしているという事ですから、人間が、適切なタイミングで間引きを行えばよいということです。間引きはとても大切な管理方法ですので、虫食いを減らすためにも、かわいそうとかもったいないとは思わず、隣同士の根と根がからむ前に必ず行ってください。

また、冬野菜などの定植を急ぎすぎた場合もアブラムシが集まります。これは早すぎる成長を停止させるために、いったん成長点を食べてしまっているのではと考えられます。これもアブラムシによる野菜の栽培と言えます。それを証明するかのように、時期が来ると野菜は育ってきます。もちろん、アブラムシが活動する時期が関係しているとも言えるわけですが、そういう習性を知ると、対処方法が想像できます。

その他にも、ソラマメなどにも大量のアブラムシが集まります。これは、成長点を食べる事で、背丈を伸ばすという「栄養成長」から、種をつける「生殖成長」への切り替えをアブラムシがやっていると考える事ができます。ソラマメは種を食べる作物ですから、栄養成長ばかりしていたのでは、いつまで経ってもマメはつかず、収穫できません。結局、アブラムシは栽培者の素晴らしいアシスタントと言えるわけです。ただし、このアシスタントが行き過ぎないように、人間が管理する必要があります。

「適切なタイミングで間引きをする。あるいは、必要のない葉を落とす」「定植する時期を守る」「早く定植する必要がある場合は、アブラムシが成長点を食べにやってくるので、寒冷紗（かんれいしゃ）などをかけてアブラムシの飛来をさえぎると同時に、寒冷紗によって光を少し弱らせ、光合成のスピードを遅らせる」などの対処が有効です。マメ科に関しては、アブラムシが来たら、摘芯という、いわゆる成長点を切り落として、アブラムシの仕事を先んじてしまい、仕事をなくすといった対処方法を行います。

もちろん、びっしりとアブラムシが集った場合は、水をかけるなどして個体数を減らすなどの対処も必要な場合もあるでしょう。それはアブラムシを捕食する虫がいないので、代わりに人間が行うというスタンスです。いずれにしろ、アブラムシも理由があって飛来するのですから、理由を推測し、アブラムシの仕事を先回りするという方法が適切だと思います。

キャベツとアオムシの関係

アブラナ科の野菜にはモンシロチョウのようなチョウやガが集まって来ます。そして卵を産み、ふ化したアオムシが葉を食べ尽くしてしまいます。これも食べ始めると止まらなくなり、野菜が全滅してしまう事もあるでしょう。僕もたくさんのキャベツを作っていた頃にはモンシロチョウには悩まされました。しかし、モンシロチョウが現れる理由を推測する事で、対処が可能になりました。実はとても簡単な事です。

キャベツを育てていると、葉の形状や色に二種類ある事に気づきます。一つは外側の葉で、光合成をするために青々としています。この葉は外側に向けて大きく倒れ込んでいきます。もう一つは全く逆で、葉は立ち上がって内側に巻き、色は白く、水を弾きます。この二つの葉の違いを見ていると、ある事に気づきます。外側の葉にはたくさんのアオムシが徘徊(はいかい)し、内側の葉はアオムシの被害が少ないのです。この理由ですが、外の葉は光合成をし、窒素を多く保有し、かつアオムシがはい回りやすいように、葉が寝ていて、水を弾くロウ成分が少ないのです。反対に内側の葉は、アオムシがはい回りにくいように葉を立て、ロウ成分を多く出し、硬く巻く構造となっています。

理由を僕はこう考えました。外側の葉はアオムシに食べてもらうのが役割ではないかと。アオムシ

〈アオムシとキャベツの関係〉

- 外側は葉を寝かし、内側は葉を立ててアオムシと共生
- 内側はロウ成分を出し防御
- アオムシの糞はリン酸供給となる
- 対策
  - □アオムシを作物の成長点から遠ざける
    - ・飛来は避けられないので全滅させないことが大切
  - □アオムシよりも卵を探して除去する
    - ・アオムシがいなくなると、種の保存の法則により孵化し始める
  - □定植時から寒冷紗で覆う
  - □コンパニオン
    - ・キク科、セリ科

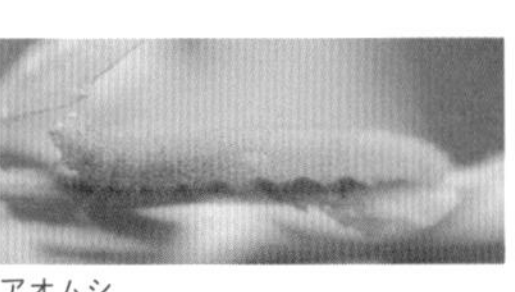

アオムシ

は、葉を食べ、糞をします。虫の糞にはリン酸が含まれます。植物はリン酸を作り出す事は出来ないので、虫に自分の体を食べさせて、リン酸を土に補給させているのではないかということです。そして内側の葉は、春になって花を咲かせ、種をつけさせるために、成長点を守り続けているのではないか。つまり、次世代の種を残そうとする葉と、次世代の種の成長を助けようとする葉に分かれているという事です。

また、外側の葉のアオムシを取り続けると、アオムシは次から次へと孵化して来ます。役割が果たせていないからです。これはおそらく種の保存の法則が働いているのでしょう。これをあえて取らないでおくと、アオムシはやがて仲間の卵までも食べ続け、卵ごと、キャベツから消えていきます。全滅するのです。なんともすごい生態ではないでしょうか。取るから増える。取らなければある程度で個体数が制限され、役割を果たしてくれるという事です。

この事から、僕はキャベツのアオムシの対処方法を変えまし

た。『成長点にいるアオムシのみ除去』し、外側の葉のアオムシは、『よほど個体数が多くない限りは放置する』のです。そうすると、外側の葉はボロボロになりますが、どうせ人間も食べない部分ですので、出荷には全く困りません。さらに、虫を取る作業が、今までよりも短時間で済むようになりました。

僕はカエルがすめる小さな川を人力で作り出したことがあります。カエルがいればアオムシは減ります。ブロッコリーを植えて作ることにしたのですが、この葉には、カエルが座れるようなくぼみがあることから、うまくいくのではないかと推測しましたが、結果は見事にアオムシが減りました。

また、モンシロチョウは野菜が小さい時に卵を産みつけに来ますので、苗が小さい頃には寒冷紗で覆っておく事で、最初から個体数を減らすという方法も有効です。やはり人間が自然環境を壊しているので、虫の個体数のバランスは狂っています。カエルやバッタがいればアオムシも減るのですが、どちらも畑にはあまりいないので、個体数のコントロールは、人間に課された義務だと、僕は思っています。

そして、アブラナ科の野菜の苗は、絶対に孤立させてはいけません。草のない畑にポツンとアブラナ科の野菜が育っていると、虫のかっこうの餌となりますので、コンパニオンプランツなどで、春菊やレタス、ネギなどと共存させましょう。畝の上は枯草を置いて土を裸にしないように気をつけます。つまり、アブラナ科以外にも、虫の居場所を作り、隠れ場所や食べ物を作っておく事です。それだけで、小さな苗が全滅する事はぐっと減るものです。

虫の声を聞け1

田んぼのカメムシ防除が始まる頃、無農薬の畑にはカメムシがこぞってやってきます。ちょうどナス、ピーマン、トマト、大豆が育つ頃ですから、野菜はカメムシに襲われることがあります。無肥料、無農薬栽培であっても、もちろんカメムシが大量につけば駆除することになります。個体数が自然界のバランスを狂わせてしまうので、放っておけばよいというわけではありません。ただ、この時に、カメムシの役割を知って、対処の仕方を間違えないようにしなくてはなりません。

カメムシは警戒フェロモンを出してアリを警戒させるという役割があります。このカメムシを全て駆除してしまうと、アリの数が増えます。アリはアブラムシを連れてきますので、カメムシが全くいなくなると、畑によってはアブラムシの被害にあうことがあります。野菜からカメムシを取り去る際、完全に取り去ろうとするのではなく、『果実に集まるカメムシだけを取り除く』という、個体数のコントロールという意識で取り去る方が、最終的には被害が少なく済むということがあります。

大豆に集まるカメムシは、大豆の中に卵を産みつけてしまいます。そうすると、大豆が育ったように見えても、中身はカメムシに食い荒らされてしまうことになります。そのため、大豆が小さいころに、ある程度はカメムシ対策をする必要があります。方法としては、花芽が咲くころに大豆に水をか

〈虫とのつき合い方〉

カメムシ

□警戒フェロモンでアリを警戒させる
- カメムシが減るとアリやアブラムシが増える

□対策
- カメムシが卵を産む時期にかん水する
  - ◆豆⇒播種から 45 日～ 60 日

カメムシ

テントウムシダマシ

□弱った植物を枯らすために存在

□葉を落とす⇒生殖成長へ促す

□対策
- 周りの草を刈って、日あたりを良くする
- 必要のなくなった葉を人為的に落とす

テントウムシダマシ

けます。スプレーで花芽を濡らすか、上から放水するといった感じです。本来、大豆が花芽を出す頃には、梅雨が来て雨が降るという自然界の流れがあったのですが、最近は大豆の播種時期が人間都合になりつつあるので、雨のタイミングがずれます。致し方ありません、人間による対処も必要になってしまったわけです。

大豆が種をしっかりつけた後のカメムシは、未熟な豆を見つけては食べていきますので、実はそれほど大きな被害ではありません。多少のところは食われるとの意識で、栽培量を考えていくべきでしょう。

テントウムシダマシと呼ばれる虫は、正式にはオオニジュウヤホシテントウと言い、作物の葉に集まる虫です。この虫は、葉が出す窒素などのにおいをかぎつけてやってきます。多くの場合、役目の終えた葉が地上に落ちるために、窒素やミネラルを放出し始めると、この虫が来てその助けをするのが役割ではないかと僕は推測しています。ということは、役割の終えた葉を人為的に落とせば、この虫の飛来を防げることになります。トマトが育ち終わると、そのトマトの下3枚の葉の役割が終わりますが、その3枚の葉を目指して飛んできますので、その葉を落とせば、テントウムシダマシの個体数は激減します。

また、ジャガイモなどにつく場合も、ジャガイモは葉を落とした後にイモが太るものですから、この虫がやってきてジャガイモの葉を落とすことによって、大きなイモの収穫が可能になるという風に考えることもできます。

虫食いがあるからと慌てる必要はなく、『その虫が何をしに来ているかを推測し、その虫が行うことを人間が先回りして行ってしまえばよい』と考えられるわけです。

具体的な対処方法としては、まず「葉欠き」という作業により、不必要な葉を落としていきます。葉を落とすことによって葉が虫を呼ぶことが減ります。また葉を落とすと風通しがよくなりますので、虫が滞在することが難しくなります。さらに言えば、風通しがよければカビが生える可能性が減ります。病気からも守れるということにもなるのです。葉が減りますので、植物も栄養を回す場所が減るので体力を温存できますし、日もあたりやすくなりますので、成長も加速することになります。

その作物の葉だけではなく、作物を囲んでいる他の草にも注意してください。周りの草を刈り取ることで、作物にあたる風が強くなり、光も強くなり、光合成が盛んになることで作物は虫を呼ばないほど、強く成長するということになります。

虫の声を聞け2

メイガやガは決して敵ではありません。最近ではハチによる受粉が減ってきていますので、ガやチョウ、その他の虫による受粉は、虫媒花と言われる虫の受粉を助けてもらう作物にとっては大切な存在ですので、全ての虫を防ぐという風には考えず、虫媒花においては虫対策というのは、あまりやらないものです。「風媒花（ふうばいか）」と言われる、風によって受粉する作物や自家受粉の作物の中には、メイガを必要としないものも多く、被害だけを与える場合もあります。そうした作物の場合は、メイガを駆除するというよりも、最初から近づけないという選択肢で考えます。例えば、ネットなどで防ぐ、水をまいて、ガの到来を防ぐといったことです。または、ガやチョウが怖がるジョロウグモなどがクモの巣を張れるように、支柱を立てる野菜を近くで栽培するということも行います。

ハダニはダニですので、人間から考えれば害虫のイメージしかありません。しかしダニは人間の老廃物などを食べるという仕事をしています。

〈虫の対処法〉

メイガ

□天敵の少ない夜に特殊な目で受粉をする

□対策

・網などで飛来を防止する

ハダニ

□弱い葉を分解して栄養素を作る

□対策

・かん水により除去

・弱い葉を人為的に落とす

トウモロコシにネットをかける

メイガ

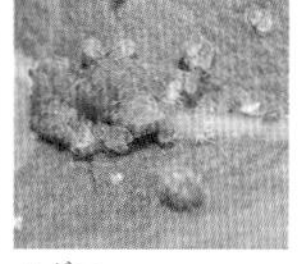

ハダニ

植物界においても同じで、ハダニは、葉の弱い部分、例えばバクテリアに侵されて弱ってしまった葉などに集まるようです。そして弱い部分を分解し、葉を落とすことで、次のミネラルへと変えるために、微生物にバトンタッチします。つまり、ハダニが来るということは、何かしらその葉がバクテリアに侵されているか、栄養不足で発育不良になり、新陳代謝のために落とされていこうとしていると僕は考えます。つまり葉を管理しなさいという合図とも言えるわけです。

対策としては、その葉を落とすのが手っ取り早いでしょう。何かしら問題が起きているので、その葉を残すという選択肢はあまり得策ではありません。また、ダニはほかの健康な葉にも移る可能性がありますので、見つけたら、葉全体に軽く水をかけて、ダニを落とす作業も必要です。それによりハダニは激減します。ただ、葉野菜でない限りは、葉がダニに食われたからと成長が止まることはあまりありません。葉野菜ならばダニのついた葉は落としますが、果菜類や根菜類であれば、多少のダニであれば、慌てて対処する必要はないでしょう。理由と目的を知れば、それほど難しい管理ではありません。

虫の声を聞け3

ウリハムシはウリ科の植物によくつく虫です。羽を持っているので、取り除こうとすると飛んで

〈虫の対処法〉

ウリハムシ

ウリハムシ

- □ククルビタミン不足の役割の終えた葉を蝕して落とす
- □師管を切断すると、作物は防御物質を分泌
- □対策
  - ・防御物質を増やさせる⇒余分な葉を落とす
  - ・先に落とすべき葉を人為的に落とす

ネキリムシ

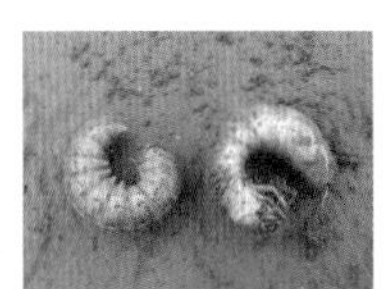

ネキリムシ

- □有機物を食べ土を団粒化する
  ⇒株分けという役割
- □寄生バチを呼び込む物質を出す
- □対策
  - ・作物の根から離して未完熟有機物を入れる
    ◆腐葉土等

行ってしまいます。このウリハムシもハダニと似ており、ビタミン不足になった葉を落としに来ます。また役目を終えた葉にもやってきます。弱った葉は、すぐに食べ始めますが、弱っていない葉についた場合、このウリハムシに食われると、毒を生成して葉に送り込んだりします。その毒から自分を守ろうとするウリハムシは、まず葉を丸く食い荒らし、植物の血管である師管・導管の維束管を切断します。そこで、丸く食われている場合は、弱い葉だけでなく、健康な葉も食い荒らされていると考えることができます。

対策ですが、基本的にウリハムシに食われている葉は、役目を終えている場合が多いので、実をつけ終わった場所より下の葉であれば、切り落としてしまいます。キュウリなどの実が育った後の下の葉です。もし丸く食われている葉があれば、ウリハムシを手で除去します。その際、ウリハムシはコロンと転がって下に落ちますが、その場合は下の葉を食べ始めますので、特に対処はしません。

　ネキリムシの多くはコガネムシの幼虫です。この虫は、作物の根を食べてしまうということでとても嫌われます。しかし、ネキリムシは生きた植物の根など食べたくはありません。本来は、山の中に落ちてきた葉などのたい積物の中で、落ち葉を食べながら成長する虫だからです。そのため、普通の対策とは逆になりますが、作物の苗の周りの土の中に、腐葉土などをすき込んでおき、ネキリムシに腐葉土を食べさせます。また土の上にも腐葉土や枯葉をまいておくと、ネキリムシからの被害が減ります。

　また、ネキリムシがいると、寄生バチというハチが寄ってきます。虫のお腹や幼虫に卵を産みつけるので、虫たちが怖がるという自然界の掟があります。もしこのネキリムシを全滅させてしまうと、今まで来なかった虫などもやってくることになるので、全滅させるのではなく、作物の根の近くにいるネキリムシだけを取り出し、後は腐葉土を与えておくという対処方法になります。

病気について

作物にも病気がありますが、人間と同じく、なぜ病気になるかを理解しておく必要があります。その理由が分かれば、対処方法も推測できるようになります。その前に、まず、病気にはどのようなものがあるかを書いておきます。

病気は、基本的にカビによるものがほとんどです。土の中では糸状菌、地上ではカビと呼ぶことが多く、別のものではありません。どちらも糸状菌です。これらが発生する原因は、ご存じのように湿度によるものです。作物の周りの湿度が高ければカビが生えます。このカビが病気を発生させます。

土の中ではビシウム菌などの糸状菌が増えると作物が病気になります。立ち枯れや青枯れなどの原因がそうです。これらはもちろん湿度もありますし、土の中に、分解しにくい有機物があると発生します。有機物の中でも、炭素比率の高いもの、リグニンの多いものです。分かりやすくいうと枯れ木や厚手の葉などです。これらを分解するのは微生物の中でも比較的大きな糸状菌ですので、どうしても糸状菌が増えてしまいます。生きた根も浸食しますので、それが病気の原因となります。

これらの病気などから、さらにウィルスに感染する場合もあります。これは病気を起こす病原菌が虫たちによって運ばれ、傷口から侵入していきます。ウィルスに感染した場合は、残念ながら作物を健康に戻すのはなかなか難しくなります。もちろん、健康な野菜であれば治ることもありますが、もともとこうした糸状菌やウィルスを増やさないように工夫をする必要があります。

具体的に言えば、湿度を高めないことです。そのためには風通しをよくする。かん水をしない。どうしてもかん水しなくてはならない場合は、水を植物にかけないなどです。土から蒸発した水が湿度を高めますので、畝を葉などで土を覆うといった対処方法も有効になります。

土の中の糸状菌を増やさないためには、分解しにくい枝とか厚手の葉とか、あるいは有機物を限度を超えて大量にすき込まないことです。これらがあるとどうしても糸状菌が増え、それが病気の原因になっていくわけです。難しいようで、実は簡単なことなのです。

〈病気の種類を知る〉

□カビによるもの⇒疫病（70%）
・湿度が高いと病気になりがちである
◆対処法：土を裸にしない。
マルチング（※）による防除
◆対処法：朝日を浴びさせる
◆対処法：カビがついた葉は除去する

□虫が媒介するもの⇒バクテリア・ウィルス
・虫が寄りつかない工夫をする
◆肥料分を使用しない。特に未熟なコンポスト肥料（生ごみや落ち葉などを処理して作るたい肥）
◆虫が多い場所は、寒冷紗を利用する
◆トラップを仕掛ける

※マルチング
株を植えた地表面をウッドチップなどで覆う

栄養不足の表情〈窒素〉

無肥料栽培を行っていると、さまざまな栄養不足の表情が現れます。塩基バランスが狂っていると表現する場合もあります。土壌中で不足気味になるのは、主に多量元素と言われる、窒素、リン酸、カリウム、マグネシウム、カルシウムなどです。その中でも、無肥料栽培でよく見るのは窒素不足です。

窒素は葉や茎を作る栄養とさえ言われるように、葉の成長がとても悪くなります。葉の緑色を濃くするのは窒素、正確に言えば硝酸態窒素ということになります。この窒素が不足してくると、葉の形成ができず、緑色が抜けてきます。そしてやがて全体に黄色くなってきます。これがサインです。虫の話でも出てきましたが、落とそうとする葉は窒素を抜いて黄色くなっていきますが、それと同じようなことが起きます。全体に黄色くなってくるということです。黄色くなると、葉を落とすサインですので、虫たちがやってきて食害が始まります。

これらを防ぐためにどうするかと言えば、窒素を作り出しているのは微生物たちなので、微生物を増やすこととなります。その微生物を増やすためには、餌となる有機物、空気、水、光などが土の中に入るようにします。微生物たちが有機物を分解すれば、窒素は供給されます。しかし、残念ながら即効性はありません。あくまでも現状の窒素不足を認識し、次に栽培のために対処方法を考えるということになります。

即効性とまではいきませんが、例えば根切りをするという方法もあります。これはナス科の作物には有効です。本幹から30センチほど離れたところまで根が張っていれば、そこにスコップを入れて根の先を切ると、新しい根が出てきて、新しい根による窒素の吸収が始まります。古い根では窒素を吸えないからです。

もう一つは、窒素の吸収を促進するカルシウムの補充です。と言っても、カルシウム単体で補充するといった対処は元の木阿弥です。結局、単独の補充を考えると、ミネラルバランスが狂ってしまうからです。カルシウムは草木灰などに多く含まれていますので、根の周りの土を軽く掘って、草木灰を足し込む方が、バランスが整います。

いずれにしろ、窒素不足の畝と分かれば、次は窒素の多い土づくりを考えることになります。

〈栄養不足対策〉

栄養不足⇒腐植化を進める

・米ぬか、油かす、腐葉土によるたい肥の検討

□微生物を増やす
⇒有機物、空気、水、光の供給

□根を新しくする
⇒根切り（ナス科等）

□カルシウム補充
（草木灰等）

落花⇒
水不足・不受粉・窒素不足

窒息・栄養不足⇒
根っこ辺りの土を柔らかくする

栄養不足の表情〈リン酸・カリ〉

次によく見るのが、リン酸不足です。この場合は、果菜類であれば花が落ちるなどの現象が起きたり、葉が赤くなったり青くなったり、変色してきます。これを防ぐには、土壌を弱アルカリ性（pH6.5）から弱酸性（pH5.5）にするために、お酢を300倍に薄めた水を散布する方法があります。

また、米ぬかにはリン酸が豊富にありますので、米ぬかを足したいところですが、あまり効果は期待できません。ですから葉や雑草を米ぬかで分解させておいた雑草たい肥を作っておくのをお勧めします。

また、マグネシウムがないとリン酸が吸収ができませんので、草木灰などを足し込む方法も有効ですが、この場合の注意点は、土がむしろアルカリ性が強くなることです。これを防ぐためには、草木灰を足し込んだ場合は、必ず希釈したお酢を一緒にまくことです。

カリウム不足の場合は、葉の先端が黄色くなるような表情を示します。カリウムは根を作る栄養と言われるくらいなので、根の先端が伸びることができずに障害が起きており、その根と繋がっている葉にも障害が起きます。

この場合は、リン酸不足と全く逆で、マグネシウムが多い、鉄分が少ないという場合に起きやすい症状です。この場合もピートモスなどを使って、土を弱酸性にするという方法も有効です。腐葉土はカリウム成分が多いので、分解が進んだ腐葉土を使用するという方法もあります。根の近くを掘りこんで腐葉土を差し込みます。また、カリウムは鉄が促進物質ですので、鉄釘を入れた水をかん水するという方法もわずかに有効です。いずれにしろ、次回の土づくりの情報として生かすと考える方がよいと僕は思います。

その他、カルシウム不足、マグネシウム不足という場合もあるでしょう。カルシウム不足の場合は、土壌の酸性度が強くなっている場合によく起きます。酸性になると根の張りが止まりますので、成長しなくなります。

対処としては、やはり草木灰を利用します。カリウム、カルシウム、マグネシウムが含まれていますので、即効性はあります。

〈栄養不足対策〉

リン酸不足

□葉の紫色になる・鉄、アルミニウムが多い
- 難溶性リン酸が使用できない⇒土壌を弱酸性に（酢）
- 糠を追加するか、腐葉土（糠による腐葉土化したもの）を根の先端部分に埋め込む
- マグネシウムを補充する（草木灰等）

カリ不足

□葉が先端から黄色くなる・マグネシウムが多い
- マグネシウムと拮抗して使用できない⇒土壌を弱酸性に
- 300倍希釈のお酢をかん水・ピートモスの使用
- 腐葉土を根の近くに追加してマグネシウム割合を減らす
- 鉄分を増やす（鉄釘が入った水をかん水する）

根の老化

苗を植えようとポットから取り出したときに、根がびっしりと張って、真っ白になっている場合があります。これを根の老化と言います。根は下に成長し、行き場所を失うと横に行き、ぐるりと回った後に、今度は上向きに成長します。根は上向きに成長すると、畑に定植したときに活着が悪くなります。これはよくある失敗です。

根が伸びないと、根が酸や糖を出しませんので、土に付着しているミネラルが取り出せず、根圏微生物が増えることもありません。そのため、リン酸やカリウムの吸収もできず、土に活着せずに成長が止まり、場合によっては枯れてしまいます。

成長が悪いと思ったら、いったん苗を土から取り出します。取り出しても根の形が全く変わっていなければ、活着に失敗したということになります。

このような根が回り込んでしまった苗の場合は、必ず根をほぐすという行為が必要になります。根をほぐして、土の中に伸びやすいように誘導してあげるわけです。思い切ってある程度の根を切ってしまうという方法もあります。根を切られた苗は成長をいったん止めますが、新しい根を出し始めると、今度は畑の土の方に伸びていくようになります。

また、定植する際には、苗はたっぷり濡らしておき、逆に畑の土はできるだけ乾かしておいてから植えつけるという方法もあります。その方法ですと、根は外向きに流れる水に従って、外へと流れていきますので、活着しやすくなります。

また、ポットの中の土が栄養たっぷりで、つまり苗土に肥料を使っていても、定植する畑が無肥料栽培である場合、根が畑の土に伸びたくないという意思表示を行うことがあります。苗をホームセンターなどで買ってきて、無肥料の畝に差し込んだ時に、時として起きる現象です。できれば苗は自作した方が、畑には活着しやすくなります。その際の苗土には、必ず畑の土を50％以上混ぜておくということが必要です。そうしておくと土の質が近くなり、土壌微生物群もとても近くなりますので、土質の違いによる失敗が防げます。

苗の定植というのは、環境が違う場所への引っ越しなわけですから、やはりメンタルな面も含めて、慎重に考えてあげるべきだと思います。

〈苗の老化〉

□根張りの場所がなくなり、不自然に根が曲がる

□苗ポットで起こりうる現象

・根がリン酸、カリを使用できない

・根の先端から酸を出せない⇒根圏微生物の欠如を起こす

・根張りが悪くなる⇒活着しない

・対策

◆根をほぐす

◆根の先端を切る

◆スコップ、シャベルで根を切る

疫病

疫病とは、作物の病気の中でも一番怖い、ウィルス等による障害のことです。疫病が起きるロジックは、実はそれほど難しくありません。先に書いたように、作物がまずカビに侵食され、それによって葉や茎が弱ります。弱ってしまうと、そこが傷口となって、そこに虫が飛来します。その虫が疫病を持っていると、その疫病が葉や茎の傷口から侵入して、作物は病気となります。

この時、健康な作物であれば、葉の表面や内部、あるいは根にいるエンドファイトと呼ばれている微生物群が動き出します。この微生物群は、病原菌から植物を守る仕事をしています。病原菌は糖を餌にしていますので、エンドファイトは、病原菌への糖を遮断するといった動きをして死滅させます。

しかしながら、このエンドファイトが激減している場合があります。このエンドファイト、つまり植物を守る微生物たちを殺すのが農薬です。農薬をまけばまくほど、エンドファイトは死滅し、病気になりやすい状態になってしまうということです。もちろん成長不良も、エンドファイトが激減する原因です。また、エンドファイトは、多すぎるかん水で消えることもあります。

無肥料栽培において、作物を病気から守るには、植物が本来持っている力を生かすことです。そのためには、できるだけ化学的なものを使用しないということが必要で、風通しや日あたりなども、とても大事です。日あたりによって植物は多くの光合成を行い、光合成をするからこそ、エンドファイトが増えていきます。これは光合成で作られる糖を餌とするからです。

また、窒素過剰などにより葉から窒素が抜け始めると虫がやってきます。この虫が病気を媒介するので、虫の飛来を防ぐということも必要で、正しい塩基バランス、つまりミネラルバランスを整えるために、自然界にあるものだけを畑に利用するということが大切ということです。

また、土の中に有機物をすき込むにしても、限度というものがありますす。その限度を超えて、たくさん入れればよいというものではありません。多すぎる有機物は糸状菌を増やし、作物の根を弱らせてしまいますので、何事も足るを知ることが大切なわけです。

疫病のロジックを知る

- □カビ系の病気または農薬使用によるエンドファイトの死滅
- □虫の飛来、食害
- □疫病の罹患
- □エンドファイトの力不足により戦えない
- □疫病の発生

風通し、日あたり、窒素過剰を避ける

青枯れ・立ち枯れ⇒
疫病・生命力の弱さ・さまざまな原因

立ち枯れ

第5章

栽培 編

春夏野菜の畑設計と栽培方法

コンパニオンプランツ

まず、無肥料栽培においては、前述したようにコンパニオンプランツという栽培法が有効です。これは、複数の違う種類の作物を同じ畝や同じプランターの中で栽培する方法です。特に違う科のものが5種類以上そろっているのがベストです。植物にはさまざまな科があり、それぞれが違った役割を持っています。また、それぞれが共生する微生物の種類も違い、それぞれが利用するミネラルのバランスも違っています。つまり、たくさんの種類の植物がそろっている方が、土の中の微生物のバランスや、ミネラルのバランスが整うのです。自然界を見ても、1種類の雑草に覆われるということはほとんどありません。自然界は、そうやって土壌中のバランスが狂わないようにしているからです。栽培においても、同じことを気遣っていけば、土壌のミネラルや微生物のバランスが狂わず、土壌がやせていくことが少なくなるのです。

例えば、ネギなどのヒガンバナ科というのは、根に非常に強い消毒能力を持つ菌と共生します。そのため、ネギを畝やプランターに植えておくだけで、作物が病気になる可能性がぐっと減ってきます。経験上、立ち枯れ病などのビシウム菌などを抑える能力があると思います。ネギでなくても、ネギに近い作物であれば、同じような効果が期待できるのではないかと思っており、僕は、さまざまなネギ

〈栽培例〉

系の作物を必ず植えつけておきます。

キク科は虫に食われると強い毒を出すものがあります。毒を出さないまでも、その香り等によって虫を寄せつけない効果があるようなので、虫食いの多い畑や作物の周りに、春菊などを植えることがあります。虫が嫌うという意味では、セリ科やシソ科でもよいでしょう。どちらも香りで虫の数をコントロールする能力があります。アブラナ科は他の植物の成長を加速させるという役割もあり、また畝全体にまいておくと、畝を優しく保護してくれます。ただし、アブラナ科を大きく育てすぎると、今度は作物の邪魔をしてしまいますので、ほどほどで収穫することになります。マメ科は窒素を固定する根粒菌を増やしますから、土の中に窒素を取り込んでくれます。このように、科によってさまざまな特徴があり、それらの特性を生かしながら、畝やプランターの中を設計していくことになります。

ミニトマト

ここから、野菜の種類による栽培の方法を簡単に説明していきます。

トマトは人気の野菜ですので、多くの栽培法をさまざまなところで見ることが出来ます。しかし、無肥料栽培で行う場合はいくつか違う点がありますので、簡単に書いておきます。

まず、トマトは苗を作っておきます。第2章で説明したような方法で植えつける2ヶ月前から苗を作ります。

トマトはもともと地ばい野菜です。地をはうように伸びます。それを効率のよい管理と収穫という点から、人間都合の栽培法が生み出されました。しかし、本来のトマトの習性を無視してしまうと、無肥料栽培ではうまくいかないことが多いのです。

地をはう野菜であるということは、地をはわせた方が、もちろんたくさん実をつけます。トマトは「脇芽」を出す植物であり、脇芽が伸びてくると枝が地面に接地します。脇芽とは、本幹と葉の間から出てくるトマトの芽です。トマトはこうやって分身の術を使いながらどんどん増えていく植物です。

トマトの茎には細かな毛が出ています。これは通常、空気中の水分を捕まえる役割を果たしていますが、これが接地すると、そこから根っこを張るようになります。トマトは、こうした生体であるため、地

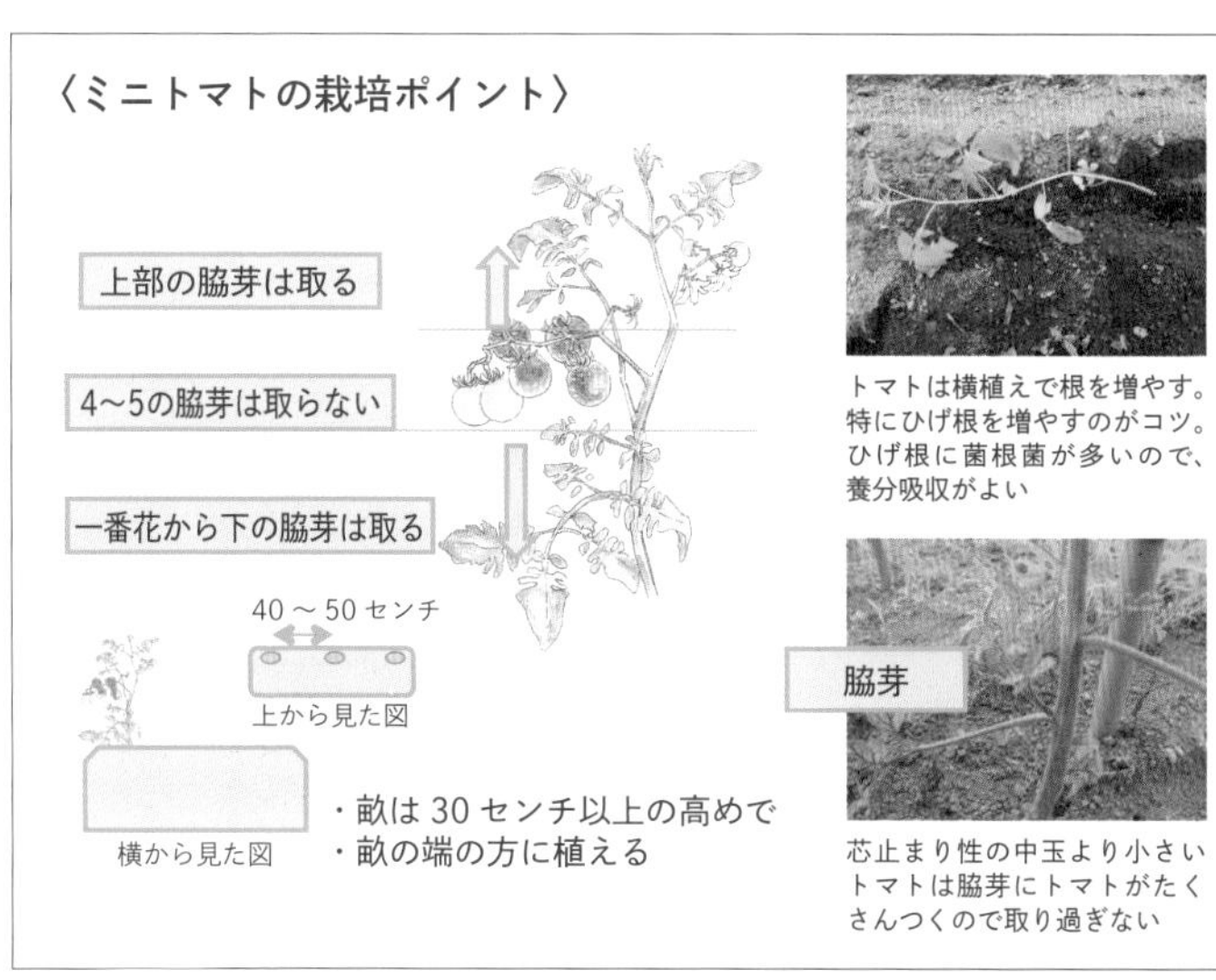

トマトは横植えで根を増やす。特にひげ根を増やすのがコツ。ひげ根に菌根菌が多いので、養分吸収がよい

芯止まり性の中玉より小さいトマトは脇芽にトマトがたくさんつくので取り過ぎない

面をはう方が、効率よく栄養を吸収できるのです。

しかし、完全に倒してしまうと栽培という意味では、管理や収穫が難しくなります。そこで、トマトの苗を横向きに置き、トマトの茎を15センチから20センチほど土に埋めてしまう方法で定植します。埋まった茎からは根、特に側根とひげ根が出ますので、まっすぐ縦に植えた時の根の量の数倍のひげ根の量になります。こうすることで、地ばいにした時のように、脇芽に行く栄養を確保するわけです。これにより、脇芽は全て取らなくてもよいということになります。ただし、大量に脇芽を残すと収集がつかなくなりますので、ミニトマトで脇芽を7本、中玉で4本、大玉で2本残し、それ以外の脇芽は除去します。脇芽にたくさんのトマトがつきますので、収量が増えます。それぞれ本幹がありますので、8本立て、5本立て、3本立てとなります。

〈トマトの誘引〉

トマトは45度を好む

どの脇芽を残し、どれを取るかですが、通常は、一番最初に咲いた花より下の脇芽は取ってしまいます。ここを残すと、太い幹がたくさん出来てしまい、さすがに栄養が足りなくなります。一番下の花より上の脇芽のうち元気のよいものを残していきます。ミニトマトの場合、脇芽を7本ほど残したら、それより上の脇芽は取ります。8本目から先の脇芽を伸ばしても、上の部分が重くなり、トマトが倒れてきて、実もつきにくくなりますので取ります。

また、トマトの脇芽は本幹と葉の間から出てきますので、たいがい45度に伸びます。45度が好きな植物ですので、伸びてきた脇芽を45度方向に伸ばすと実つきがとてもよくなります。つまり誘引方向を45度にするわけです。

植物はこの45度が好きなものがたくさんあります。重力は上下に、地球の回転は左右に力が働きますので、バランスを取るために45度を好むのではないかと考えています。また、ハチなどが受粉する場合も、45度に伸びた枝についた花の方が受粉しやすい角度になると言われています。45度の向きはどちらでも構いませんので、枝が左右45度になるように工夫します。場所を取らないように45度の誘引するためには、枝をぐるぐると巻きつけていく方法もあります。この場合は、早め早めに誘引しないと、巻きつけにくくなりますので、注意する必要があります。

なお、トマトは実が成熟したら、その下の3枚の葉は落としてしまいます。トマトの実を育てるのは、実の下の三つの葉と言われています。トマトの種が成熟すると、その下の3枚の葉は役割を終え、窒素を抜きながら黄色く枯れていきます。役割が終えた葉にも栄養を行き渡らせようとしますので、その無駄をなくそうと試みるのですが、その状態で放っておくと、抜けていく窒素を求めて虫たちが集まってきます。植物が虫たちの力を借りているというとらえ方もできます。虫がやってきて葉落としを手伝おうとしている間はよいのですが、それらの虫は、これから活躍する葉をも食害していきますので、放っておくと虫食いだらけになることがあります。

対策としては、虫に先んじて、必要の無くなった葉を人為的に落としてしまうことです。虫の役割を無くしてしまえば、虫の飛来も防げます。

なお、トマトは実がなるに連れて、どんどん収穫していく必要があります。実を収穫しないと、トマトは子孫を残せる安心感から、次の実をつけなくなります。

トマトプラン

トマトプランとは、トマトを栽培する場合のコンパニオンプランツのことです。トマトの成長を助ける野菜、相性のよい野菜などを一緒に植えて、トマトの成長が健やかになるように混植をしていきます。

トマトと相性がよい野菜は、まず、イタリアンパセリです。イタリアンパセリはセリ科ですので、虫よけにもなっているようです。虫よけとして、他に相性がよいのはシソ科のバジルです。畑では、僕はいつもトマトとバジルを混植させています。

畝を守るために下草としてまくのが小松菜です。下草は雑草でもよいのですが、雑草はどうしても強い植物ですので、作物が負けてしまうことがあります。そこで、どうせなら食べられる草を下に生やし、畝が裸にならないように守るのがよいと思い、冬野菜の小松菜をまきます。一年中作れる野菜ですが、夏にまくと成長が悪いので、下草としては最適です。種を表面にたくさんまき、小さいうちから草の管理をするように食べていくことになります。

マメ科としてはインゲン系の豆が、相性がよいようです。僕はトラマメをよく使うのですが、特につるなしのインゲンの方が、相性がよいようです。豆は土を豊かにしてくれますので、トマトの間に一本ずつ植えておくと、次の野菜を植えるときに役立ちます。

〈トマトプラン〉

混植する野菜
・トマト（ナス科）
・小松菜（アブラナ科）
・イタリアンパセリ（セリ科）
・ネギ（ネギ科）
・トラマメ（マメ科）

小松菜は「下草」。本葉5～6枚でどんどん間引いて食べる

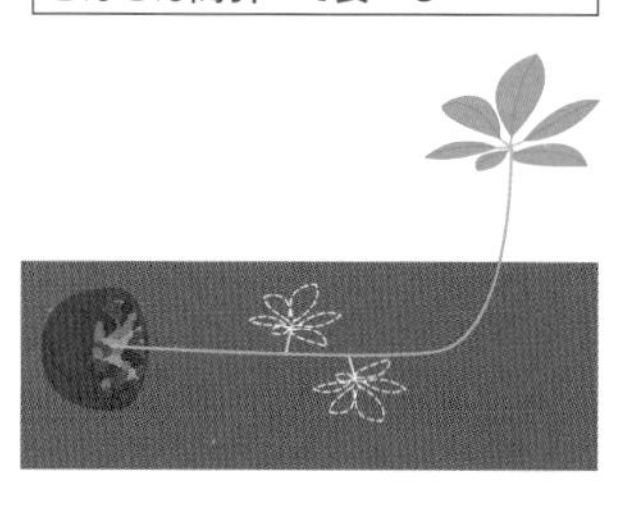

病気を防ぐためにネギを植えておきます。これはすでに育っているネギでも構いません。一本畑から抜いてくるか、八百屋で買ってきたネギでも大丈夫です。ネギを刺しておくと、土の殺菌もできますので、青枯れ（細菌が原因でかかる。葉が青みがかって日中しおれ、夜に一時的に回復を繰り返し、やがて枯死する）などのおきやすいトマトには最適ですし、土壌中の微生物のバランスも狂いにくくなり、連作障害を防ぐことも可能になります。

なお、こうした相性を考えるときには、食べ合わせを考えると分かりやすくなります。一緒に調理するとおいしくなるかという想像力を働かせてみてください。

ナスプラン

ナスは大変な『肥料食い』と言われている野菜です。この野菜を育てるためには、ある程度の栄養も考えてあげる必要はあるでしょう。でもそれは最後の手段であって、第2章で紹介したような畝づくりをすれば無肥料でもナスは育ちます。つまり畝の下の方に有機物を埋め込んでおく方法です。

その畝の上に2ヶ月前から作っておいたナスの苗を植えつけますが、ナスは水を好みますから、必ず低い畝で栽培します。植える場所は、畝の中でも乾きにくい真ん中あたりにします。植えるタイミングは苗の本葉が6枚ほど出たときがよいのですが、小さなポットで根を作っている場合、根が回り込んで、老化してしまう場合があるので、その場合は早めに植えつけます。

ナスは地温を必要としますので、日あたりのよい場所を選び、苗を植えたら、必ず根元に草マルチをして地温を確保します。草マルチは苗の周りだけでなく、畝全体にかけてもよいでしょう。そうすれば、畝の水分が蒸発しにくくなりますので、乾燥の苦手なナスでも育つことができます。

ナスもトマトと同じく脇芽を出しますが、脇芽の茎が接地しても根にはならないので、横植えはしません。その代わり、脇芽はある程度、除去します。だいたい一番花の下の脇芽を2本、一番花の上の脇芽を1本程度残して、あとは除去してしまいます。

〈ナスの栽培ポイント〉

- 温室で苗を作る（26度以上）
  - □本葉が6枚程度で畑へ
- ナスは肥料と水が必要
  - □ボカシ肥の検討
    - ・米ぬか、草木灰、油かす
  - □乾燥する場合は、かん水も検討
- 畝は低めにして畝の真ん中に植える
- 必ず日あたりのよい場所を選び、周りの草を刈って倒す
- 根元や畝の上に草マルチをして、地温を確保する
- 一番花の下二つの脇芽を伸ばして3~4本立てにする

ナスの脇芽もトマトと同じく45度に伸びていく野菜です。そのため、脇芽の誘引も45度に伸びるようにします。脇芽が伸びてくると、やがて実をつけますが、脇芽が実の荷重を感じると、ナスは栄養成長から生殖成長に変わります。栄養成長は葉を広げ、茎を伸ばす成長のことですが、実がつき始めると、それが止まり、実をつける方に栄養を回すわけです。そのため、収穫しないでいると、ナスは幹を伸ばさずに成長が止まってしまいます。ナスがなったら早めに収穫してあげると、今度は荷重を感じなくなりますので、また茎を伸ばし、次の実をつける準備を始めます。ナスは収穫すればするほど、たくさん取れる作物なのです。

ちなみに、どうしても成長が悪い時は、83ページで説明したボカシ肥を少し根の周りを掘って、差し込みます。ただし、追肥をすると無肥料という感覚ではなくなりますので、基本はそのまま成長を見守るべきでしょう。

ナスのコンパニオンプランツは、トマトと大きく変わるわけではありません。同じナス科ですので、相性のよい野菜というのはだいたい決まっています。ただ、ナスは地温が大事な野菜ですので、同じく地温が大事な野菜と組み合わせ方がよいと思います。トマトと同じ野菜を組み合わせていく方法でも構いませんが、ここでは少し種類を変えてみます。

ナスと組み合わせるのはニンジンです。ニンジンとナスは性質が全く違いますので、この場合、ニンジンの成長はそれほどよくなりませんが、ニンジンはセリ科ですので、香りによって虫の飛来を防ぐ効果があります。ニンジンは成長が悪くなる分、ナスの成長を邪魔しません。

僕のコンパニオンプランツは少し特殊で、「主役」と「脇役」という考え方をします。つまり主役のナスを育てるために、脇役の野菜を植える感覚です。本当は雑草でやりたいところなのですが、雑草は、前述したように強い植物ですので、成長を助けてい

〈ナスの栽培例〉

混植する野菜
・ナス
・ニンジン
・バジル
・インゲン
・ニンニク

ナスは水切れに注意！

るうちはよいのですが、やがて作物の成長を邪魔するので、野菜に変えたということです。しかも野菜だと食べることができます。脇役は元気いっぱいに育ってもらう必要はありませんが、ナスが終わると途端に大きくなることがあります。

虫よけとしてもうひとつ、シソ科のバジルを植えておきます。ナスを炒める時にバジルを添えるととてもおいしいので、そこからバジルの混植を思いつきました。実際、バジルがある畝のナスの虫食いは減りますので、それなりの効果があるのでしょう。

脇役の3番目としては、つるなしインゲンです。インゲンは土壌中に窒素を持ち込む能力があるので、重宝します。畝のところどころでインゲン豆を育てながら、主役のナスの成長を助けますし、次の野菜を植えたときにも役に立ってくれます。

4番目として、ニンニクを植えています。ニンニクは、とても強い作物ですので、ともすればナスの成長を阻害する場合もあるのですが、ニンニクの消毒能力は大変強く、病気がちのナスにとっては、健康の神様ともいえます。ニンニクでは強すぎる場合は、他のヒガンバナ科の野菜、いわゆるネギ系の野菜でももちろん構いません。

こうして、とにかく5種類の野菜を植えていきます。これは畑であってもプランターであっても同じです。長い畝であっても、この混植を実現すると、事実、成長はよくなります。

ピーマンプラン

ピーマンも基本的には苗を作ってから、畑やプランターに定植します。ピーマンは手間のかからない無肥料でも作りやすい野菜で、プランターでもできます。

まず、苗の本葉が5枚程度出るまで育苗（いくびょう）します。ただし、苗ポットが小さい場合は、根が回り込んでしまうので、早めに植え替えます。

ピーマンは乾燥に弱い作物ですが、水も嫌いますので、畝は高めでも植える位置は真ん中よりも少し端に寄せます。苗と苗の間は、50センチほど開けます。ピーマンは風通しがよくないと虫食いやカビなどに侵されますので、間をあけて植えつけます。

湿気は大敵です。できるだけ日あたりのよい場所を選んでください。

ピーマンは、基本放っておいても育つ作物ですが、やはり葉が混んでくると、カメムシなどの被害にあい、風通しも悪くなると、病気がちになるので、葉欠き作業が大事になってきます。ピーマンも花が咲いた後に実をつけますが、実が成長してしまえば、その下の葉の役割が終わりますので、葉を除去して、風通しを確保すると成長がよくなります。どの葉を落とすのかよく分からない場合は、ピーマンを上からのぞき込んでみてください。上から見たときに、葉が重なっている場所がたくさん見つかりま

〈ピーマンの栽培ポイント〉

■**温室で苗を作る（22 度以上）**

□本葉が 5 枚程度で畑へ

■**乾燥に弱い**

□乾燥する場合はかん水も検討

■**風通しが必要**

□株間は 50 センチほど

■**畝は高めにして畝の端と真ん中の間に植える**

■**必ず日あたりのよい場所を選び、周りの草を刈って倒す**

■**根元や畝の上に草マルチをして、地温を確保する**

30 ～ 40 センチ
30 ～ 40 センチ
上からみた図

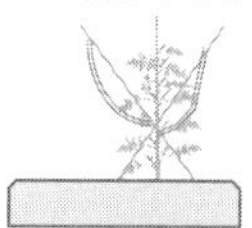

す。その中から、実を収穫し終わった場所から下にある重なった葉は、取り去ってしまいます。一見、下の方がスカスカになりますが、それぐらい風通しがよい方が育つ作物です。

　また、地温が必要な作物ですので、ナスと同じく、草マルチなどを敷いて、畝の土の地温を確保します。草マルチは地温だけではなく、水分の蒸発も防ぎますし、紫外線もカットしてくれます。また草マルチが分解すれば、ミネラルの補給もできますので、一石三鳥も四鳥にもなりますので、必ず草マルチをしましょう。

　ピーマンのコンパニオンプランツは、トマトやナスと同じナス科ですので、基本は同じです。ヒガンバナ科のネギにより病気を防ぎ、キク科の春菊で虫の数をコントロールします。マメ科としては同じくつるなしのインゲン、下草としてアブラナ科のルッコラなどを使います。これらの組み合わせでなくてはならないということではありません。一緒に食べたいと思う野菜をイメージして組み合わせるのがベストです。

キュウリプラン

キュウリは決して難しい作物ではありませんが、これも苗の出来具合により、その後の成長が大きく変わる作物です。3月には苗を作り始め、5月には畑やプランターに定植したい作物です。

キュウリは地温が必要な野菜ですし、乾燥を嫌いますので、畑では草マルチで保温、保湿する必要があります。または、コンパニオンプランツにより、土を裸にしない工夫が必要になってきます。例えば、ヒユナなどを畝の上やプランターにまいておき、ヒユナによって土を守ります。畑ですとスベリヒユが生えていれば、それを利用するのもよいでしょう。チャイブなどのネギ系の作物は、土を病原菌から守ります。畑ではネギそのものでも構いません。他には、虫食いなどを防ぐために春菊をまいておきます。春夏の春菊は勢いよく育たないので、ちょうどよくキュウリの畝を虫から守ってくれます。成長を助けるためには、インゲン豆を植えておきます。つるありインゲンであれば、キュウリの根がインゲンの茎に巻きつくように上らせておけばよいでしょう。

キュウリは、さまざまな本には整枝(せいし)(枝を切って残した枝を伸ばしていく)をすると書かれていますが、あまりやりすぎると勢いがなくなりますので、注意しなくてはなりません。キュウリは折れ曲がるように伸びていきますが、折れ曲がるところが節です。この節から子つるが出てきて伸びていきま

〈キュウリプラン〉

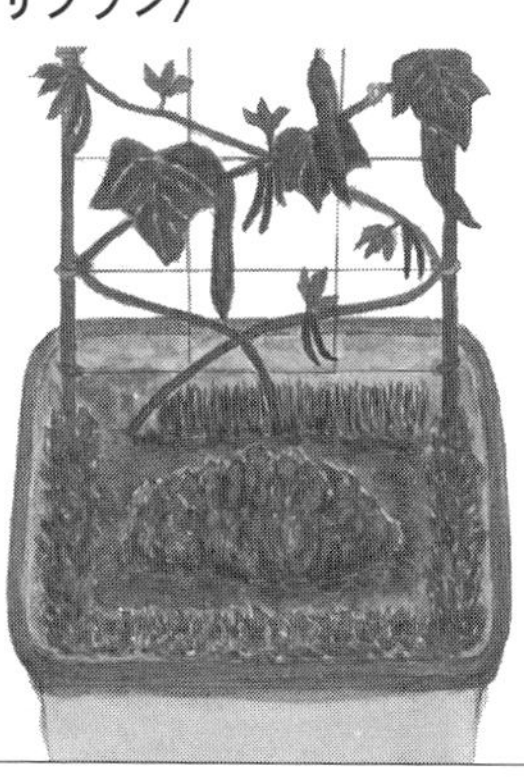

混植する野菜

・キュウリ
・チャイブ
・シュンギク
・インゲン
・ヒユナ

す。ナス科の脇芽と同じです。この2節までの子つるを成長させると、実のつきが悪くなりますので、切り取ってしまいます。3節以降はそのまま伸ばしてください。ただし、あまり実のつかない子つるは切り取ることはありますが、切り取るとしても子つるの根元の葉を2枚残してください。

無肥料で育てると、一節から3つほどの雌花（めばな）、つまりキュウリが出てきます。これらを全部育てるとたくさん取れることになりますが、成長が悪い場合は、残念ですが、早い段階で1～2本摘み取ります。残しておいても、他の実の成長が進まなくなります。

キュウリは受粉しなくても実をつける作物ですが、種をつけないと味がよくなりませんし、形も悪くなります。そのため、受粉用の虫を呼ぶ工夫をしておく必要があります。例えば、畝のあちらこちらに、黄色い花を植えるなどです。受粉しないと、そのまま雌花が成長せずに落ちてしまうことがあります。

ジャガイモプラン

ジャガイモは乾いた土を好みますので、必ず水はけのよい場所を選びます。ジャガイモは一つの種イモから芽が6つも7つも出てくるものです。そのままジャガイモを植えて、たくさんの芽を育ててしまうと、ジャガイモが地上部で種をつけようとしてしまい、土中のイモが増えません。ジャガイモは種でもイモでも増える性質を持っているからです。そのため、ジャガイモを半分に切って植えることで「芽の数を減らす」か、出てきた芽の4つ目以降を全て「芽欠き」といって、取り去ってしまうかのどちらかを行います。

半分に切った場合は、切り口を乾燥させるか、すぐに植えつけたい時には、切り口にお酢をつけてから植えつけます。草木灰をつけるという方法が一般的なようですが、草木灰は強いアルカリ性です。ジャガイモがアルカリ性のものに触れると病気になりやすくなりますので避けてください。

植えつけるときは、「ストロン跡」と言われる部分を探します。ジャガイモの中で、少し凹んだところで、もともと根っこと繋がっていたところです。ここがある種イモの場合、この反対側から出た芽は勢いが強く、他の芽の成長を邪魔しますので、強い芽が下になるように植えつけます。そうすることで、強い芽は、いったん下に伸びてから、Uターンするように地上に向かいますので、勢いが弱まると同時に、ストローク

〈ジャガイモプラン〉

■強い芽を下にして植える

□通常はストロン跡側は切り取るが無施肥ではストロン跡側を使用する

□殺菌は草木灰ではなくお酢を薄めた酢水を使う

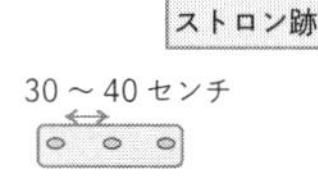

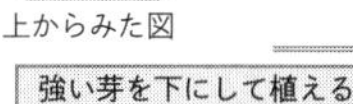

■地温が低いと大きくならないので注意

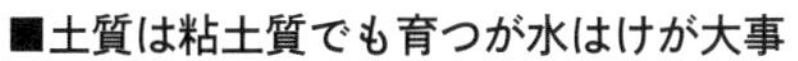
■土質は粘土質でも育つが水はけが大事

□土を 30 センチ掘って、その下の硬盤層をスコップを細かく刺して柔らかくする。

□そこに枯葉や腐葉土を入れて土をかぶせて畝にしてから 15 センチほど掘って植える

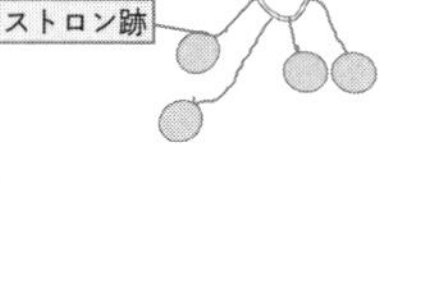

■芽が一つの種芋から4つ以上出た場合は、勢いの弱いものを芽欠きする

■地温を下げないように草をかぶせる

が長くなりますから、イモがたくさんつきやすくなります。もし4つ目の芽が出てくるようでしたら、芽欠きをして3つに減らしてください。その方が大きめのイモが多めにつくようになります。

地温が高くないと成長が悪いので、ジャガイモ畝は必ず草マルチをして保温します。

なお、硬盤層があると、根が張りにくくなりますので、もしこの硬盤層が20センチ程度で出てくるような畑の場合、いったんスコップや耕運機などで壊しておく必要があります。

ジャガイモはオオニジュウヤホシテントウという虫に葉を食われてしまうことがあります。食われ始めるとあっという間ですが、葉が食われると、イモが大きく育ち始めますので、慌てる必要はありません。いわゆる栄養成長から、生殖成長に変わるタイミングということです。見つけたら取り除くという程度で対処していくだけでも十分です。

大豆プラン

大豆は、コンパニオンプランツでよく利用する作物です。特に根粒菌と言われる、空気中から窒素を取り込むことのできる微生物との共生関係がありますので、やせた土の場合によく利用します。

大豆単体で栽培する場合は、できるだけ窒素分の少ない土壌で栽培します。これは窒素を固定する根粒菌と共生にある大豆は、窒素が多すぎる土壌だと、栄養成長といういわゆる背丈を伸ばす成長が進んでしまい、生殖成長という種をつける成長をしなくなるからです。ただし、窒素は少ない方がよいのですが、他のリンやカリウムなどが足りない土壌だと、それはそれで失敗しますので、決してやせた土壌がよいという意味ではありません。窒素が多いか少ないかは、生えている雑草の色と大きさで判断します。雑草の色が濃く、葉が大きい雑草が生えているところよりも、葉の緑が薄く、小さい葉を出している草が多い場所が向いています。昔の人は、土手でよく作物を作りました。その条件に合致したイネ科がよく生えています。

さて、大豆は2粒か3粒でまきます。1粒だと幹が太くなり、やはり実がつきにくくなります。畝は作らず、平畝のままに作る方が多いでしょう。まく前に20倍程度に薄めたお酢につけると、病気を防ぐことができます。豆は表面積が広いので、それだけ土壌の病原菌を中に取り込みやすいからです。

■窒素分の少ないところで
□野菜が育ちにくい場所は、まず大豆から育ててみる
□土壌が豊かなところは耕うんして微生物の動きをいったん止める
■畝間の草刈は怠りなく
□大豆は日陰だと背丈を高くしツルボケ(※)しやすいので草刈と中耕(土寄せ)が必要
■葉が大きくなりすぎたら摘心を
⇒ツルボケ防止
■葉が落ちたら収穫 ⇒葉が落ちない場合は日当たり悪いか虫がいる⇒葉を手で落とす(大豆は障害に対して頑張る植物)

※ツルボケ
葉やつるばかりで花が咲かなかったり、咲いても結実しないこと

まき方は「筋まき」、または「条まき」といって、まっすぐに一本の線上でまきます。また、大豆は台風の時期を重い体で過ごすため、倒れやすくなります。そのため、「土寄せ」という作業を行いますので、隣の条との間は、人や管理機が入って作業できる程度の80センチ以上をあけておきます。

栽培していて、もし背丈が90センチを超えてきたら、成長点をはさみで切り落とし、成長を止めて摘心を行います。それにより豆がつき始めます。大豆は横に草があると、それと競い合いますので、横の草は出来るだけ刈り取ります。そして、根元に土をくわなどで寄せて、倒伏を防ぎます。

収穫時期になると葉が黄色く落ち始めます。落ちない場合は、虫がいたり病気になっているので、葉を人為的に落としてしまうことで、実の熟成を加速させます。

キャベツプラン

キャベツを無肥料で栽培すると、アオムシに食われ、巻かずに終わるイメージがあるようですが、ちゃんと育てれば、虫食いも少なく、しっかりと巻いたキャベツができます。いくつかのポイントがありますが、一つ目は、最初に苗を作ることと、畑やプランターに定植する時期を守ることです。この時期が遅れてしまうと巻かなくなります。だいたい7月に苗を作り、8月中か9月頭に定植してしまいます。

キャベツが巻く原理はこう推測できます。本来、キャベツの中心は、やがて花を咲かせ、種をつける部分であり、とても大切なところです。温かい時にキャベツを定植すると中心部が花を咲かせようと伸び始めます。しかし、気温は下がっていくので、キャベツは中心部を守るために、内側の葉を巻きはじめます。これが、もし時期が遅くなると、気温が下がっているので、中心部は花を咲かせようとせず、むしろ葉を広げて、地をはうような形(ロゼット)で冬を越そうとしてしまいます。そのため巻かなくなります。

また、虫食いに関しては、外側の葉は倒れ込むように育ち、アオムシたちを待ち受けます。外側の葉は、アオムシに食わせてフンによりリンの補給をする役割を担っているので、アオムシがつくのは当

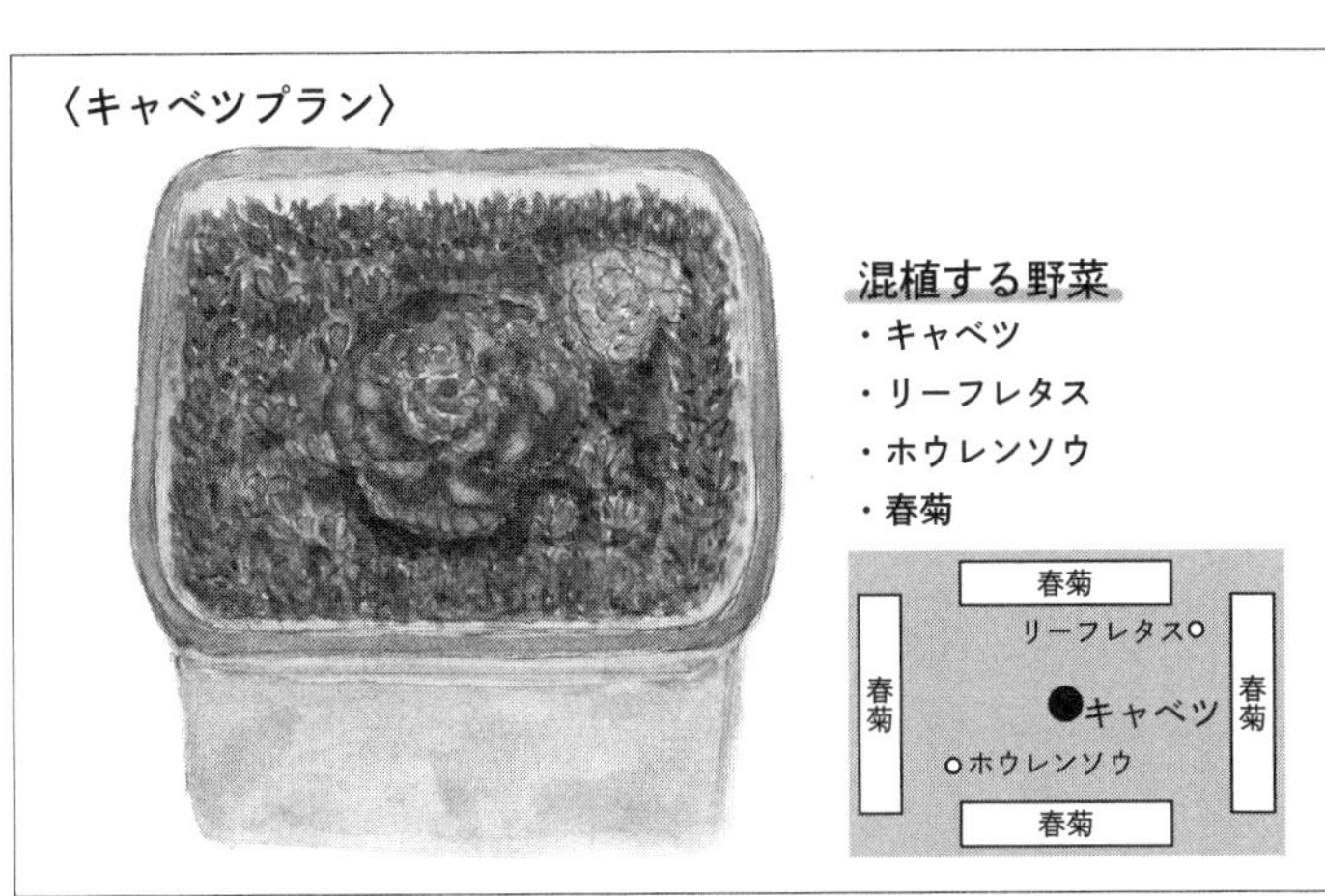

然のことです。ですから、第4章に書いたように、外葉のアオムシよりも、中心部に来たアオムシだけを取り去るようにします。外側のアオムシは、やがて卵ごと消えていきます。そうすれば、外葉は虫食いでも、中心部は立派なキャベツになります。

コンパニオンプランツとしては、ホウレンソウがお勧めです。ホウレンソウも脇役ですので大きくは育ちませんが、周りで下草のように小さく成長してくれます。虫食い除けには春菊です。これは大きく育ちますが、キャベツを包み込むように守ってくれます。

そしてレタスです。レタスはキク科で、虫食いも少なく、またレタスはキャベツの外葉の下に隠れて、日あたりが少し悪くなり、苦みを出さなくなります。レタスは日照が長いと、花を咲かせようとして苦くなる傾向があるからです。それ以外にネギを刺しておくものよいでしょう。もちろん、畑でも同じようなコンパニオンプランツを実現させます。

ブロッコリープラン

ブロッコリーも基本的にはキャベツと同じと考えてください。若干違うのは、キャベツに比べて１枚目の本葉が出るまでに茎が長くなることです。この茎を地上に露出しておくと折れやすく、あるいは倒れやすくなりますので、１枚目の本葉のあたりまで土の中に埋めてしまうことです。少し斜めに苗を差し込んで、深植えしてください。植えたところにも根が出てきますので、安定します。

また、苗の根が苗ポットの中でぐるぐると回ってしまっている場合は、活着が悪くなりますので、根をほぐし、茶色くなっている根は取り去ります。すると新しい根が出て、活着しやすくなります。

ブロッコリーは大きな葉で花芽が咲くところを守る構造になっています。この最初の葉が虫に食われてしまうと、寒さにより花芽の中心部が成長を悪くしますので、初期段階では寒冷紗などをかけて、虫の飛来を防ぐ方が無難です。大きく育ってきたら、寒冷紗を外しても問題ありませんが、葉は鳥に食べられてしまうこともあるので、様子を見ながら外してください。

コンパニオンプランツとしては、下草に利用するのは同じアブラナ科がお勧めです。アブラナ科は属の違うもの同士で競い合うので、ブロッコリーの成長を促してくれます。例えば小松菜やルッコラなどです。

〈ブロッコリープラン〉

混植する野菜
- ブロッコリー
- イタリアンパセリ
- ニンニク
- 玉レタス

虫よけとしては、イタリアンパセリなどのセリ科や春菊などのキク科がよいでしょう。周りを取り囲むようにまきます。畑でもプランターでも同じです。また、キャベツ同様に、キク科のレタスを植えておくとよいでしょう。結球するタイプでも、しないタイプでも構いません。ブロッコリーの葉にレタスが隠れるように植えておくと、レタスが甘く育ちます。

ネギなども刺しておくのもよいでしょう。ネギは土壌中を殺菌し、病気や連作障害を防いでくれます。

ブロッコリーはアオムシに食われることが多いので、畑などでは、蛙がすみつくような水辺のそばで栽培するのがお勧めです。蛙たちがアオムシを食べてくれます。また、アオムシは全て除去しようとせず、見つけられた中心部に近いアオムシから除去してください。全滅させようとすると大変手間がかかりますし、アオムシにも役割がありますので、ブロッコリーが大きくなってきたら、外葉に関しては、ある程度の放任は必要です。

カブプラン

カブはとても育てやすい野菜です。発芽率もよく、失敗の少ない野菜です。しかし、ちょっとしたことで失敗することもありますので、いくつか注意点を書いておきましょう。

まず、種は3粒まきです。一度に大きくなるのではなく、3粒が順番に大きくなっていきます。つまり大中小となりますので、収穫タイミングがずれてくれます。

カブは浅めに種をまきます。カブ自体は土の上に顔を出して成長する野菜ですので、深く植えると、なかなか成長しなくなります。

カブは単独では育てない方がよい野菜です。カブと相性がよいのは、同じアブラナ科の小松菜です。カブの周りに小松菜をまいておくと、双方の成長がよくなります。ただし、小松菜は小さいうちに収穫し、ここではあくまでもカブを主役としてあげましょう。

周りにはニンジンをまいておくのがお勧めです。時期的にもよいですし、ニンジンの香りで虫を減らしてくれますので、カブの葉を守ることができます。

カブはマメ科と混植することはあまりありませんが、相性の悪い豆は特にないので、エンドウマメなどを一緒に植えておいても構いません。ただし、背が伸びてくるとカブが日陰になりますので、その点

〈カブプラン〉

混植する野菜
・コカブ
・小松菜
・周囲にニンジン

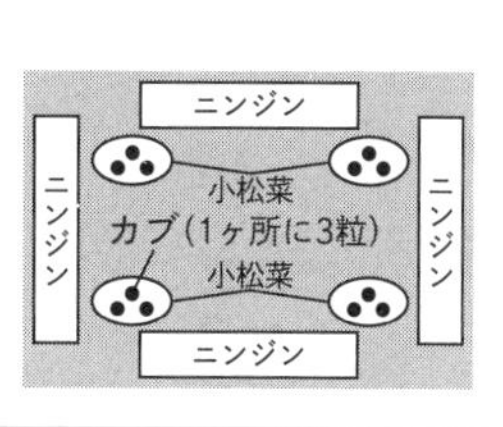

だけは注意します。ネギはもちろん刺しておいて構いません。

カブは、葉に窒素を送り込む植物です。土の中に窒素が足りないと、すぐに黄色くなってきます。黄色くなった下の葉は、除去してください。全体が黄色くなった場合は、あまり役に立っていません。それらの葉があることで、むしろ虫を呼んだり、風通しが悪くなったりして病気がちになりますので、注意してください。

土は乾くのを嫌がりますので、土が裸になってしまう場合は、上から枯草などを敷いて、保温と保水に気をつけます。冬野菜とはいえ、やはり地温が下がりすぎると成長が悪くなります。

カブは大きくなったものから、早めに間引き＝収穫していきます。大を収穫すると中が大になります。大になった中を収穫すると、小が最終的に大になります。

なお、カブの表面が傷つくことがあります。虫によるもので、食味には影響ありませんが、できるだけカブの周りに草を置いて、虫たちが草の下に隠れていられるように工夫してください。

セミナーの現場から vol.2

埼玉県川口市のスマイルてえぶる（体に優しい食品にこだわるカフェ）が主催した岡本氏のセミナーでは、市内の土地を借りて、秋から冬にかけて畑づくりを実践しました。しかし、もとは雑草もほとんどない更地で始めた野菜作りであったため、2月時点ではカブや春菊など実った野菜も元気がない状態…。
これを見て岡本氏はますますやる気を出し、寒風吹き荒れる中、踏込み温床と堆肥を現場の土に混ぜる作業を全員で行いました。

第6章

プランター 編

プランターで無肥料栽培を行うコツ

自家製土の作り方

今度は、プランターの土をどのように作るかについて説明していきます。

まず、ホームセンターで肥料入りの土を買ってくるのは全く意味がありません。肥料が入っていると、確かに成長がよいのですが、肥料は一年しか効かないため、翌年はその土では育たなくなります。また、土の中に有機物がありませんので、再生することもありません。もちろん有機物と微生物を追加すればよいのですが、できれば最初から無肥料の土を使う方が、コントロールしやすくなります。

まず、肥料を使っていない畑の土を手に入れます。と言っても、これがなかなかハードルが高く、都会に住まわれる方はほとんど無理ですので、手に入らない方は、ホームセンターやインターネットで「黒土」という土を探してください。これは無肥料とは言い切れませんが、通常、販売されている野菜用の土のような肥料は入っていません。

この土だけですと、水を与え続けると土からミネラルが流亡し、カチカチの土になってしまいます。そこで、保水性、排水性、物理性をよくするために、いくつかの土を混ぜていきます。

まず、鹿沼土または赤玉土です。これらの小粒のもので大丈夫です。これらの土は粒が大きいので、排水性と保水性の両方を確保できます。ミネラルも赤玉土の中にたまります。そこにバーミキュライ

〈プランター用　土の配合〉

■土（50）

■鹿沼土（10）

■赤玉土（10）

■バーミキュライト（5）

■ピートモス（10）

■腐葉土（10）

■草木はまたはもみ殻くん炭（5）

トを混ぜます。これは軽石のようなものです。これを入れることで、土と土がくっつかなくなります。つまりすき間ができるので、空気の層が生まれ、好気性の微生物が活着しやすくなります。この微生物は有機物を分解する微生物です。そこに有機物であるピートモスと腐葉土を足します。ピートモスは苔であり、非常に多くのミネラルを含みます。地球上の植物は苔から始まったと言えるほど、苔は栄養価の高い物質です。腐葉土は、微生物の餌です。ピートモスは強い酸性ですので、中和させるために、アルカリ性の草木灰またはもみ殻くん炭を入れます。これらもミネラルですので、初期の栄養分としては十分な量が入ることになります。また、もみ殻くん炭の出す超音波は、微生物の出す超音波と波長が近く、微生物の活着も促進させてくれます。

これを基本の土とします。

プランターの土作り

では、実際にプランターの中で、どのようにこの基本の土を構成していくかを説明していきます。

通常であれば、排水性、通気性をよくするために底に小石を入れていますが、僕は入れません。下に水がたまると根腐れしてしまうのが、小石を入れる理由ですが、植物は下から水を吸うわけですから、本来下には水がなくてはなりません。ここに水がないために、毎日、水やりが必要になるのです。

僕の場合は、一番下に畑や庭の土、あるいは先に書いた黒土を単独で入れます。つまり濡れると粘土質になるような土です。自然界の土を掘ると、粘土質の土にぶつかります。この土があるから植物は水やりをしなくても生きているわけです。その自然界の構造をここに再現するわけです。厚さは5センチもあれば十分です。ただし、そこに水がたまりますので、プランターの下にブロックやレンガなどを置き、高さを上げてください。下に風を通して、水の温度が上がらないようにして、根腐れを防ぎます。根腐れの原因は水の温度が上がることから起こります。これで、直根が水を吸収できるようになりました。

次に基本の土を入れていきますが、一気に入れないで、途中に腐葉土を挟み込んでいきます。これは、微生物の餌となる腐葉土を、まんべんなくプランターの中に分散するための工夫です。こうすること

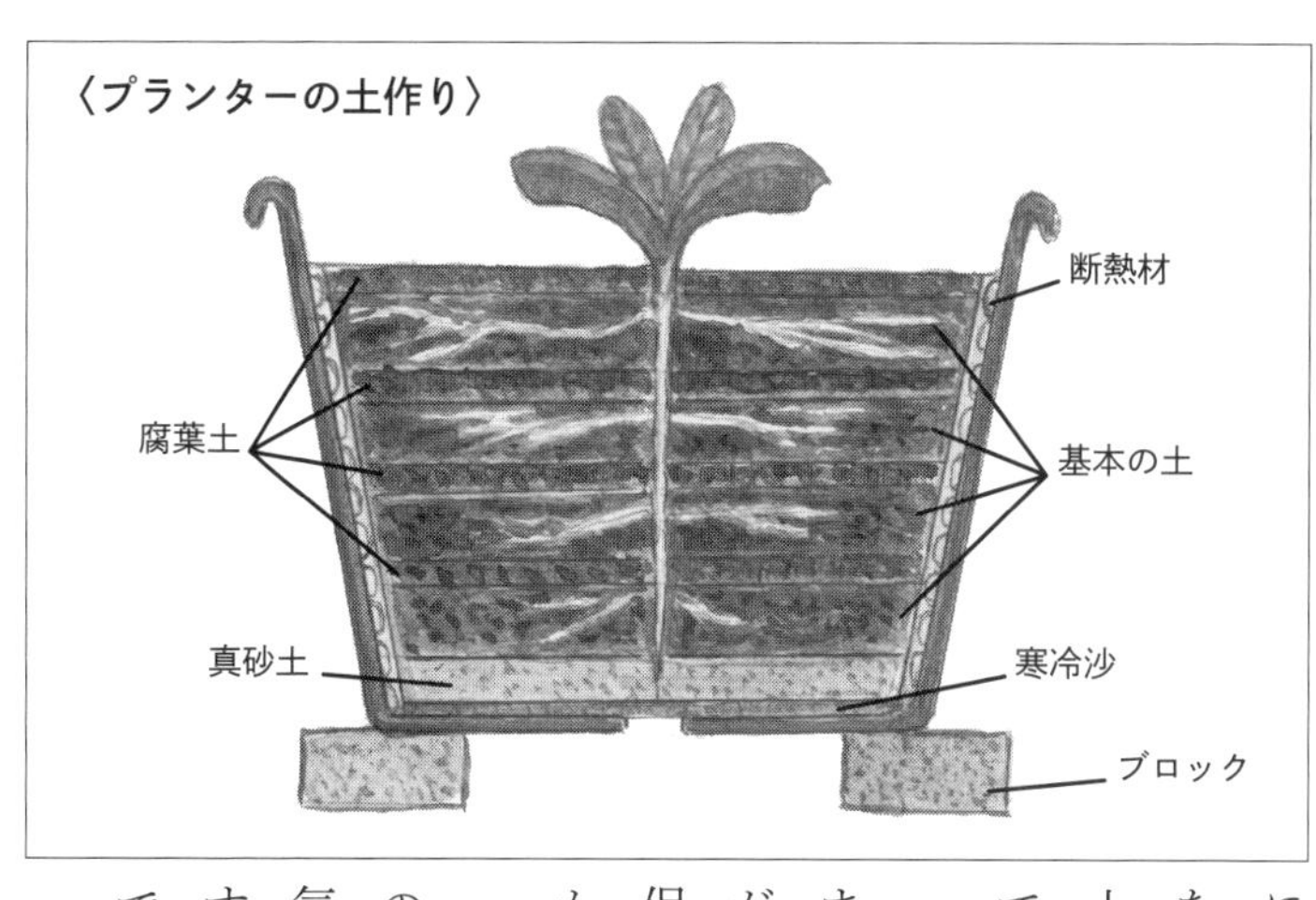

によって、側根は栄養と微生物を探すために、上下左右、色んな所に張り出し、結果的に側根の量が増えていきます。基本の土と混ぜてしまうと、土と比重が違い、腐葉土は1ヶ所に固まってしまう可能性があるので、この方法がお勧めです。

そして、一番上は腐葉土で終わります。最初は何も生えていませんので、どうしても土は裸になります。そうすると、水分が蒸発しやすく、紫外線の影響を受けてしまうので、腐葉土で保護します。ただし、最後の腐葉土は、種まきが終わってからかけてあげてください。

なお、プランターはプラスチック製よりも、木材でできたものの、あるいはテラコッタなどの素焼きのものがお勧めです。外気温が中の土に影響しにくく、また鉢が呼吸してくれるからです。プラスチックの場合は、保温剤などを巻きつけるのも有効ですし、中に敷き詰める方法もよいでしょう。

微生物を守る

ここまで準備したプランターに、苗や種をまき、腐葉土をかぶせたら完成ですが、管理する上で重要なポイントを説明します。

土の中には有機物があります。この有機物を微生物が分解していき、今、土の中にある元素が植物によって使われてしまったら、それらが補給源となります。この元素を補給してくれる微生物を守るということが必要になってきます。

微生物はどのような環境で生きているかというと、おおむね15～35度くらいの土の温度の中で活動します。それ以上やそれ以下の場合は微生物が動かなくなったり、死滅してしまいます。そこで、土の温度を守るという管理が重要になります。例えば、夏場であれば強い日差しがあたりますので、その日差しをさえぎらないと土の温度がかなり高くなります。できれば、プランターの部分だけ、光をさえぎり、光や風から守る工夫をしてください。作物にはもちろん日が必要ですので、覆うのは下の部分だけです。よしずや保温できるプチプチや発泡スチロールなどでもよいでしょう。

それから、先にも書きましたが、ベランダなどの場合、下のコンクリートが熱くなったり、冷たくなったりするので、ブロックやレンガなどの上にプランターを置き、下からの熱や冷気から守るため

〈微生物を守る〉

■土の温度を 20 度以上に
■土は耐えず湿った状態に
■土の表面を守る
■冷気・熱気から守ること
■水は事前に組む

の対策をしておくと、これは根腐れ防止にも役に立ちます。

それから、土は裸にならないように気をつけてください。裸なら腐葉土をかけますし、下草用の作物が育ってくれれば、土はおのずと守られてきます。これも自然界から参考にした方法ですので、確実です。

それから、忘れがちなのは水です。水に水道水を使われる方が多いですが、塩素が含まれ、土の中のミネラルを流亡させてしまいます。そのためできるだけ、浄水器を通った水の方がよいでしょう。本来は雨水が最適です。もしくは雪どけ水のような流れる水です。これらの水にはミネラルが含まれています。水によってミネラルが流亡しても、ちゃんと補充できる仕組みになっているわけです。とはいっても、水道水しかない場合、浄水器がない場合は、水を前日に汲んでおく、そして水の中にミネラルの含んだ塩（食塩はだめで、自然海塩）や草木灰を一つまみ入れておくことです。ミネラルを供給して、微生物を守るということを忘れずに。

土のリセット

最後にプランターの土のリセットについてです。

プランターでも、作物を作り続ければ、基本的には土がやせることは少ないのですが、残念ながら、土がやせないように栽培し続けるのは、結構難しいものです。どうしても栽培の期間が空いてしまう、あるいは栽培に失敗してしまう、成長が悪かったなどの理由で土が疲弊していくことがあります。これは致し方ありません。不自然な状態で土を地面から切り出していますので、そうしたことは起こりがちです。その場合の土の再生方法について説明します。

まず、野菜を全て収穫してしまいます。残っているものは全てです。大きな根は引き抜き、小さな根っこは土の中に残します。特にひげ根は微生物がたくさんいますので、できるだけ土に戻します。大きな根から出ているひげ根をちぎって、土に戻します。青い草は残さないでください。

この状態で、土をいったん取り出すか、プランターの中でかき混ぜます。中の腐葉土や根などがまんべんなく行き渡るようにきれいに混ぜます。

ここにもう一度腐葉土を入れます。10％程度です。さらに、その腐葉土にからませるように、米ぬか、油かす、くん炭などを混ぜ込みます。これらの量は、土全体量の2～3％程度です。

〈土のリセット〉

■自然栽培のプランターは、土をリセットして再利用する

□全て収穫したら、根を残しておく。太い根の場合は、ひげ根だけ戻す
□根が柔らかくなった頃に、一度土を軽くかき回す
□腐葉土・米ぬか・油かす・くん炭・水を混ぜて、ビニールで覆い、３週間後に使用する
□輪作をする方がよい（夏野菜・冬野菜）
□使わない場合は、クローバーなどのマメ科で土を覆っておくとよい

■畑は収穫後はあえてリセットしなくてよい

□リセットは、雑草の仕事

混ぜたら、全体に湿らす程度に水をかけてもう一度かき混ぜます。そして上から透明の厚手のビニールをかけて、そのまま3週間ほど放置します。1週間に2～3度軽くかき混ぜた方が、早く土がリセットできます。

最初、カビのような白い菌が出てきます。白い菌は糸状菌で、問題はありません。3週間ほどでそれが消えたら終了です。再びその土を取り出し、それを基本の土として、最初にやっていたように、腐葉土を挟み込みながら、プランターを作っていきます。

なお、しばらくプランターを使わない場合でも、何か種をまいておくことをお勧めします。放っておくとどうしても土がやせ、微生物が死滅していきますので、緑肥的なものでもよいので、種をまいておいてください。クローバーやヘアリーベッチ、セスバニアなどで、インターネットで種が購入できます。

なお、畑の場合は、こうした作業は行いません。全ては雑草がやってくれます。それこそが、雑草の本当の役割ですから。

mini Column

土と根

プランターも畑も基本は同じなのですが、プランターは、畑のような自然からの地下水や有機物のたい積、虫たちの生命活動がありません。そのため、単にそこに土があればうまくいくということではありません。そこで土づくりが大切となります。

まず、土は何でできているかを考えます。土はアルミやケイ素でできた砂粒にようなものに、有機物である樹木、葉、虫、動物、微生物の死骸が分解して、元素化したものがくっついている状態です。植物は成長するときに、この元素を消費していくので、土を長い間、土の状態で保持するためには、絶えず有機物が含まれていなくてはならないということです。自然界はこれらを長い間、層としてたい積してきました。植物が使う元素はそのうちの一部ではありますが、それでも一年分の有機物のたい積は必要です。無肥料栽培においても、この有機物のたい積を考えながら、土の管理をしていきますが、プランターとて、もちろん同じことです。

また、根がどういう役割を持って張っているのかもとても重要なポイントです。

まず、双子葉植物の場合、直根（主根）と側根に分かれます。側根は栄養を探しに行きます。土壌というのは、30センチよりも下にももちろんたい積した元素はありますが、植物はこの30センチの深さまでの元素を主に使用しています。また、側根が増えると、そこから生えてくるひげ根、つまり毛細根も増えます。植物は毛細根の先に根圏微生物を多く保持しており、毛細根から元素を吸収しますので、側根がたくさん出て、しかも土の中でまんべんなく広がる方が成長がよくなります。

直根は、水を探しに行きます。つまり植物は『水を下から吸う』のが正しい解釈です。そのためプランターにおいても、作物が水を下から吸えるようにする工夫が必要になります。土の表面だけが濡れていればよいわけではありません。この点はとても重要なことですので、必ず把握しておいてください。さまざまな面で役に立つ知識です。

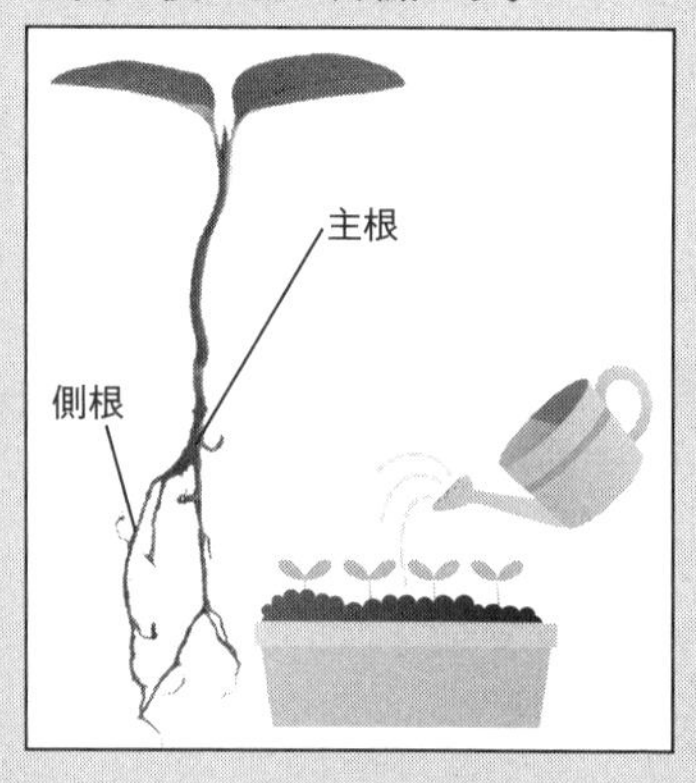

第7章

種編

種取りの方法とそのコツ

種の種類

一口に種と言っても、その種が、どのような経過をたどって、自分の手に届いたかは全く違います。どこの誰が、どのような手法で生み出した種なのか、その経路や方法などによって、全く違う種になります。

一般的に売られている種の多くは、「交配種」という種です。複数の種の品種を掛け合わせて生み出した品種です。交配種をつくるためにはある程度の資金力が必要ですので、多くは企業が生み出したものになります。ホームセンターなどで買う種の多くに、○○交配と書かれていますが、そうした種がそれにあたります。

交配種はメンデルの法則を利用しており、一代雑種ともいい、雑種の一代目は強く、品質がそろうという特性があります。つまり、育てやすく、同じ時期に同じように芽吹き、同じような形で、同じようなタイミングで収穫できます。農協に収める野菜などでしたら、それらは絶対条件ですので、とても重宝するでしょう。しかし、これはよく考えると不自然な話です。植物が一斉に芽吹くようになると、天災などによる全滅の可能性が生まれます。さらにこの交配種から種を取ると、メンデルの分離の法則が働き、雑種の二代目は品質が安定しなくなります。つまり種取りをしなくなってしまいま

〈種の種類〉

■交配種

□○○交配

□一代交配

■遺伝子組換え種

□多国籍バイオ企業による種子 / 特許で守られる

■固定種（種屋が交雑しないよう固定した種子）

■在来種（農家が種取りをして繋いできた種子）

■固定種の入手先：
野口種苗研究所、畑懐（はふう）、たねの森、高木農園、つる新、
（公財）自然農法国際研究開発センター　など

す。無肥料栽培では種取りが基本ですので、こうした交配種はあまり使用しません。

国内には、現状、遺伝子組み換え種は、実験用にしかありませんので、みなさんの手元には届かないでしょう。ただし、遺伝子組み換え種から作られた穀物は、日本に大量に輸入されています。

固定種は、交配させた種ではなく、種苗（しゅびょう）会社がその品種として固定し、綿々とつないでいるものです。これなら種取りをしてもある程度は同じ品質の野菜ができます。伝統野菜など、日本古来から繋がる種も、この固定種になりますので、無肥料栽培では、この種を使うことが多くなります。

在来種とは、農家が種取りをしてきたものです。こうした種は、昔はたくさんありましたが、農家が種取りをしなくなって以来、激減しているのが現状です。

種を知る

種について、知識として押さえておくべきことがいくつかあります。

まず、種はなぜ土の中で水を含まないと発芽しないか。それは、「アブシジン酸」という植物ホルモンを持っているからです。これは「発芽抑制物質」とも言い、種の中で時期が来て、発芽条件が整うまで発芽しないようにするためのものです。通常、発芽するためには、種の周りのさまざまな物質がはがれ落ち、あるいは分解され、種に給水が始まると、アブシジン酸は分解していきます。この植物ホルモンが、発芽をコントロールしています。このアブシジン酸は、動物にとっては毒性があり、動物に種が食べられないようにする防御ホルモンでもあり、動物は消化せずに、種を排せつしてしまう仕組みになっています。

アブシジン酸が分解されると、「ジベレリン酸」が生成されますが、これは「発芽促進物質」とも呼ばれる、植物ホルモンです。このアブシジン酸が生成されて初めて、種は根を出し始めます。

栽培する場合、このアブシジン酸がどのような条件で分解され、ジベレリン酸がどのような条件で生成されるかを知っておく必要があります。

一般的には、例えば水によるものです。種が吸水口から水をゆっくり給水し始めると、アブシジン酸は分解されますが、この時、土壌の温度、そして空気があるかないか、あるいは光があるかないか

〈種の秘密〉

■アブシジン酸→発芽抑制物質

□乾いたり、はがれたり、分解されたり

■ジベレリン酸→発芽促進物質

■発芽に必要なもの

□水、温度、空気（酸素）
□夏野菜は 25 度前後（地温）
□冬野菜は 15 〜 20 度（地温）

■光が必要な種と必要のない種

□嫌光性種子
□好光性種子

■競い合わせる種

の条件を監視し、発芽スイッチを入れています。

夏野菜の種は、だいたい、地温が20〜25度前後で発芽スイッチが入ります。高すぎても、低すぎても発芽しないわけです。冬野菜などは15〜20度と言われています。もちろん野菜によって違います。

また、光が必要な種と、必要のない種があります。光とは月光のことであり、太陽光では強すぎますので発芽しにくくなります。植物は夜に成長ホルモンを出し、発芽するのです。

種ができたときに、光があたっているものを好光性種子といい、発芽に月光が必要なので、満月に近い時に、浅くまくとよく発芽します。種ができても、中に隠れている種は嫌光性種子といい、月光がなくても発芽します。これは土の中に、少し深めに植える種です。

その他に、たくさんまくとよく発芽する種もあります。そうした種の場合は、たいがい種が大量につく作物の場合が多いでしょう。

種の形には意味がある

みなさんは大根の種を見たことがありますか。大根の種は、小さな粒ですが、実際には先のとがった、ひょうたんのような形をしたさやの中に納まっています。市販されている種は、さやから出されているので、通常は見たことがない人が多いものです。なぜこういう形をしているか、それを考えてみることが大事です。

大根の種をまくときは、土に穴をあけ、種を落とし、上から土をかぶせて抑え、水をかけます。これは人為的にやりますから、この手順になりますが、自然界は、それをどうやって実現しているのでしょうか。自然界では、大根はさやのまま、地面に落ちます。そうすると、さやが水を吸い込み、濡れた硬いスポンジ状になります。つまりその中に入っている種は、濡れたスポンジに包まれた状態になるわけです。これが自然界の種まきです。つまり土を掘って、種を落とし、土をかぶせて、水をかけたのと同じような状況なわけです。

種の形には意味があります。大根の種がそういう形をしているのならば、そのさやのまま、まけばよいわけです。それこそが省力化ではないでしょうか。

大豆はと言えば、さやの中に2粒入っています。さやによっては3粒です。この大豆のさやは大根

〈種の形の意味を知る〉
■水をゆっくりと給水するため
■種が無いと形がゆがむ
■種の数には意味がある

大根

大豆

キュウリ

のようにそのままではなく、やがて乾燥してねじれて弾けます。弾けた大豆は地上にポトリと落ちるわけですから、大豆は1ヶ所に2粒か3粒まくのが、最も生育がよいのではないかと想像できるわけです。事実、大豆は1粒だと茎が太くなり、実のつきが悪くなります。2粒だと、ちょうどよい太さに育ってくれます。

キュウリの種は、中にできます。キュウリの受粉が不完全だと、形がいびつになります。これはキュウリの中に種がないと、種がない方向に曲がったり縮んだりするからです。果菜類の形が悪い原因の多くは、こうした受粉が不完全で種ができていないからです。

種の形にはとても意味があります。その意味を考えることから、無肥料栽培の種まきが始まります。どんな野菜であっても、必ず種の形やつき方を、インターネットなどを使って、調べてみることをお勧めします。その種のつき方をみれば、まく種の量、まき方、まく時期などが想像つくようになり、マニュアル本に頼ることなく、無肥料栽培を続けることができるようになるわけです。

種まき

次に種のまき方をご紹介しますが、作物ごとに詳しく書くことはしません。特定の野菜の種のまき方を説明することで、他の種のまき方が想像できるように記します。

まず、種をたくさんつける作物があります。ニンジンや春菊、小松菜、白菜などです。こうした野菜はなぜたくさんの種をつけるかと言えば、発芽の時に競争意識が高いということと、発芽率が悪いことが考えられます。競争意識が高い種は、もちろん一粒ずつではなく、一ヶ所にたくさんまくという方法になります。また、発芽率が悪ければ、安全策として、たくさんまいておいた方がよいということになります。事実、ニンジンや小松菜、春菊は、多量まきをし、間引きしていく方法で育てる野菜です。白菜も、苗を作るときはたくさんの種をまき、芽吹いたものを苗ポットに移すなどします。種をたくさんつける野菜は密集まきということです。

ジャガイモなどのイモ類の種まきの深さは、イモ類を掘りだしたときの深さです。つまりイモは掘り出さなければ、もう一度芽を出して成長していきますので、掘り出した深さで植えてあげればベストな深さということになります。

種がついたときに、肉眼で種が見えるものは、好光性種子ですので、光を感じるように浅くまきま

■種のつき方で種まき方法を知る

□種を多くつける野菜は密集まき
・大根、ニンジン、小松菜など
□芋類は収穫状態に合わせる
(芋の埋まっている深さ)
・ジャガイモ、里芋など
□種が野菜の中の場合、深くまく
・カボチャ、キュウリなど
□種が肉眼で見える場合、浅くまく

す。カボチャのように種が見えないものは、嫌光性種子ですので、少しだけ深くまきます。どのくらい深くまくかは、その果実の大きさから判断できます。カボチャは水分を抜いて、カラカラになった時に大きさから判断します。おそらく種の大きさの3倍ぐらいでしょうか。

このように種のつき方でまき方というのはある程度、想像できます。その想像は大きく間違うことはありませんので、『マニュアルを見るよりも、作物を見る』ということが重要ということです。

ちなみに、種をまく間隔ですが、これについては、作物が育った時に大きさから想像します。育った野菜の隣の葉同士が触れ合う程度に間隔を空ける、と思えば、大きな間違いはありません。つまりそれぞれの野菜の種のまき方は種や成長した姿を見ると、全て教えてくれているということです。

種をまいて収穫まで行った後、やはり種取りまで経験することがとても大事であるということです。

果菜類の種取り

果菜類の種取りはとても簡単です。というより、種取り自体が、どれも簡単なものです。植物は放っておいても、必ず種をつけるからです。

果菜類でも、完熟で食べる野菜と、未完熟で食べる野菜では、種取りのタイミングが違います。例えばトマト、カボチャ、スイカなどは完熟で食べる野菜ですので、食べごろで収穫し、中の種を残せば、そのまま採種になります。未完熟の野菜は、完熟するまで畑においておきます。ナス、ピーマン、キュウリなどがそれにあたります。

トマトやカボチャ、スイカなどは、種自体が水分を含んだ実に包まれています。このような種は水に漬けても問題ありませんので、水洗いをし、ふきんの上などで乾燥させておきます。トマトは、金ザルの上に種の部分を入れ、こすりながら、流水などで洗い流して種だけにします。水分のある実に包まれていない種は、濡らしてしまうと発芽しようとしますので、水で洗わないでください。

未完熟の野菜は、収穫せずに畑に残します。例えばナスですが、そろそろ種取りをしようというタイミングで、種取りする株を選びます。できるだけ形のよいナスを数個選び、収穫しないでおきます。形が悪いものは、中に種ができていない可能性がありますので避けてください。ナスはやがてカチカ

〈果菜類の種〉

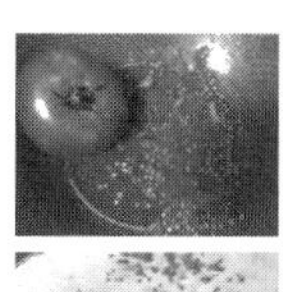
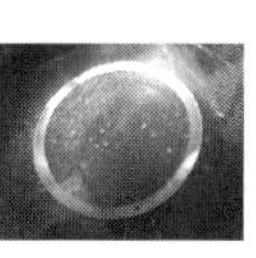

- □未熟果で収穫する野菜は熟すまで待つ
  - ・キュウリ・ナス、ピーマン、ズッキーニなど
- □完熟果は収穫した野菜の中から選抜
  - ・トマト、カボチャ
- □ザルとボウルで流水をかけながら、発芽抑制物質を除去する
- □浮いてくる種は残さない
- □ふきんの上で完全に乾かす

チになります。この時に種が作られています。動物に食べられないように硬くなっているわけです。やがて黄色を帯びてきて、少し柔らかくなったら、収穫して種を取ります。この種は洗っても大丈夫です。キュウリやズッキーニなどは大きくなって、黄色くなるまで放置します。ぶよぶよになった頃が種取り時期です。収穫して種を取り、洗って干します。これも形のよいものを選ばないと、種が取れませんので注意してください。必ず３本以上残しましょう。ちなみに、途中で鳥に食べられることがありますので、鳥が多いところでは、ネットなどをかけてください。

水で洗った時に浮いてくる種は、発芽率が悪いので取り除きます。

ピーマンも未熟果なので、そのまま赤くなるまで放置します。ピーマンは濡れた実には包まれていませんので、そのまま取り出して乾燥させます。一粒を口に入れて、辛くなっていれば種が熟しています。

葉野菜の種取り

葉野菜の食べごろは成長の初期段階であり、種が取れるのはかなり後になってからです。冬野菜の葉ものは越冬し、春になって初めて種が取れます。

まず、種取りをする株を決めますが、長く畑に置くことになるので、残す場所は隅の方にしないと、次の作付ができません。できれば、種取り用の畝を一つ作っておき、そこで種を取る方がよいかもしれません。

種取りを決めたら、冬野菜の場合は、越冬のために保温を始めます。保温の方法としては、ワラを根元に置くという方法もありますが、トンネル支柱などを使って、寒冷紗で覆う方が確実でしょう。寒冷紗はホームセンターなどでも販売しています。ただし、『とう立ち』するときには、たいがい背丈が高くなります。野菜によっては150センチを超えてきますので、背の高いトンネル支柱が必要になります。霜でやられないように、根元を保温するだけでも対策となることがあり、暖かい地域の畑は、必要がないかもしれません。

春になり花が咲くころに、受粉をしてもらわなくてはならないので、寒冷紗をかけている場合は、外してください。花の咲く時期を見て、外す時期を決めます。

花が落ちた後に種がつきはじめ、種がつくころには、植物は持っている窒素やミネラルを放出し始めま

■**収穫時期を過ごし、とう立ち※させてから**

□秋冬野菜⇒春にとう立ち
・冬超えのためにわらなどで保温する
□夏野菜⇒秋にとう立ち

種が多い野菜は密集栽培

■**種がたくさんできる野菜は密集栽培なので種は多めに取る**

■**交雑に注意する（虫媒花）**

□アブラナ科は属が同じだと（花の色が同じ）交雑しやすいので寒冷紗をかけて交互に開ける

※とう立ち＝茎（とう）が伸び始め花を咲かせ、種子に栄養がいくようになること

す。次世代のためでしょう。つまり茶色く枯れていくことになります。茶色く枯れ始めたら、植物は根から栄養吸収はしていませんので、全体が茶色くなったタイミングを見て、刈り取り、種が弾けてもよい場所で保管します。下にブルーシートを敷いた場所や袋の中などです。ただし、湿気があるとカビが出てダメになるので要注意です。風通しが必要です。風通しが悪いと、虫がわくこともあるので、注意してください。

収穫せず、ギリギリまで畑に置いておいても構いませんが、弾けるタイプの白菜などの種の場合は、刈り取るタイミングを間違えないようにしなくてはなりません。種が茶色く色づいていたら、早めに収穫しましょう。

春菊のように、菊の花が咲き、弾けないタイプの野菜は、種が熟すまでじっくり待っても大丈夫ですが、どんどん雑草が生えてきて、野菜の勢いが衰えてくるので、やはり早めに刈り取る方が安心かとも思います。

根菜類、豆類の種取り

根菜類の種取りは、基本的には葉野菜と大きくは変わりません。変わるとするると、根菜類は、植え替えが可能なことです。大根やニンジン、カブを収穫し、形のよいもの、ス(穴)が入っていないものを選び、種取り用に畝に埋め直します。そうすると、いったん出ていた葉は枯れますが、新しい葉が出てきて、やがてとう立ちをして花を咲かせます。その後に種がつきます。

同じく冬野菜の場合は、霜でダメにならないように、保温をして越冬してください。

葉野菜も同じなのですが、基本的にアブラナ科の野菜は要注意です。アブラナ科の野菜は「自家不和合性」といって、自分の花粉では受粉しない野菜です。そのため、1個残しただけでは種ができない場合が多いものです。残すのならば2個以上、できれば3個は残すべきでしょう。もちろん多ければ多いほどうまくいきます。

ということは、アブラナ科は、他の品種の花粉で受粉してしまう危険性もあるということです。これを「交雑」と言います。例えば白菜とカブが交雑してしまうと、全く違う野菜ができてしまいます。日本全国にある菜っぱ類は、こうしてでき上がっていることが多いものです。上が白菜で、下がカブになればよいですが、実際にはそうなることはほとんどありません。その場合は、一つの畑では複数

〈根菜・豆類の種取り〉

■大根、カブ、ニンジンなどは、収穫後に畑の隅に植え替える

■アブラナ科は自家不和合性が多いので種取りは3個以上残すこと

□自家不和合性⇒自分の花粉では受粉しない

□いったん葉が枯れ、春に花が咲いた後、種取り

■豆類は、葉が自然に落ちるまで待ってから種取り

■豆は春になると虫がわくので、必ず冷温保存

のアブラナ科の種は取らないことです。

僕らのような農家は、同じ畑で複数のアブラナ科の種を取る場合は、背の高い寒冷紗をかけておきます。そして、一つのアブラナ科の寒冷紗を外したときは、他の寒冷紗はかけたままにします。つまり花粉をつけたハチが、他のアブラナ科に飛んで行っても、受粉しないようにガードするということです。

マメ科の野菜の種取りが一番簡単です。豆類は、そのまま種なわけですから、さやが茶色く熟し、乾燥したら、そのまま種になります。枝豆のように若いころに食べてしまう場合は、種にはなりませんので、採種分は、大豆になるまで畑で熟させます。大豆も植え替えをすると弱ってしまう野菜ですので、どの株の種を残すかを考えるときは、畑の端のものにする方がよいでしょう。もしくは、種用の畝を作るかです。

マメ科の種は虫に食われやすく、また湿気を吸いやすいので、食用と一緒に保管しない方が無難です。

種の保存

種の保存方法は、基本的には常温です。翌年まくことを考慮すると、種にも四季を感じさせる方が、発芽率が上がります。例えば、冬が来て、春になって種がまかれる野菜の場合、常温に置いておいた方が、敏感に気温を感じ取るからです。

しかしながら、最近の家は24時間、春夏秋冬、同じ温度で管理されている場合があり、種も冬を感じることができませんし、異常に高温になるような場所でも発芽率が落ちてしまいますので、保管場所の温度によっては、やはり冷蔵庫に入れて、常に冬であると感じさせる方が無難です。冷蔵庫から出した時が、春の訪れになるからです。

もちろん冷凍保管はできません。冷凍する時はよいのですが、解凍するときの温度・湿度管理が難しいからです。

保管は、袋に入れるのは湿気を吸いやすくなりますので、お勧めしません。やはり湿度があまり変わらない瓶の中に保管する方がよいでしょう。ちなみに、中に「シリカゲル」のような湿度を取ってくれる乾燥剤を入れておいても構いません。瓶の中でも、まれに種にカビが生えてしまうからです。

これらの種を、好光性種子ならば暗いところで、嫌光性種子なら明るいところで保管します。これ

〈種の保存〉

■暑くならない場所なら常温保存

■ビンに入れて野菜室で保管

□発芽率が落ちる

■冷凍保存

□解凍が難しいので、通常はやらない

■多めに保管。発芽率が落ちることを考えて多めに苗を作る

■3年を目安に廃棄

も発芽しようとするストレスを与えないためです。入れるケースとしては、木材でできたケースなどがお勧めですが、棚や本棚の中などでも構いません。

種は多めに保管します。発芽率が落ちることがあるからです。また、種をまく場合も、全てをまかないでください。万が一栽培に失敗したら、種継ぎが途切れてしまいます。できたら半分は残して、半分を栽培などに利用する方がよいと思います。

種は3年をめどに更新していくのがよいと思います。もちろん毎年更新してもよいのですが、アブラナ科などは一年にたくさんの種を取れないので、年数をかけて繋げていくことになります。種の発芽率自体は、保管状態がよければ、10年でも20年でも変わりません。しかし、現実には管理状態はベストではないので、やはり3年くらいをめどに更新する方が安心できると思います。

種継ぎができたら、次年度の栽培も頑張ろうという気になるものです。

未来の無肥料栽培家のみなさんへ

僕がなぜ無農薬栽培だけでなく、無肥料栽培という、当時としては結構無茶な農業を始めたのか。それは16年前にさかのぼります。

僕は肥料を使ってはならないなどとは思ってはいません。それがなければ、今のような潤沢な食品の流通は実現していないでしょう。ですが、無肥料栽培だって、絶対に必要だと当時から思っていました。

そう思ったのは、とある一人の化学物質過敏症の方との出会いからです。その方は、化学物質というよりも、世の中の全ての物に反応してしまうのではないかというぐらいの重症な方でした。化学物質過敏症の方は、本当に食べるものに苦労しています。たった一口のスープで、もがき苦しむことすらあるんだそうです。

僕はその方に野菜を持って行きました。もちろん肥料は入れてはいません。しかし、その方は食べることができませんでした。何も使っていないと思っていても、1年目の畑の中には、色んな化学肥料や有機肥料が残留しているのでしょう。それらが反応してしまったのかもしれないし、種は自家採種ではなかったので、それが原因だったのか、あるいは、道路脇だったので、車の排気ガスとか、隣の畑からの農薬かもしれませんし、原因は特定できませんでした。

そうこうしているうちに、その方はどこかにひっそりと引っ越されました。残念ながら、それっきりです。ただ、その方からとても大切なことを教えてもらいました。どんなに流通が豊かであっても、その中に、自分が食べられるものが一切ないという事が現実に存在するということです。

これだけ食べ物があふれていながら、食べられるものがないという理不尽さ。この辛さをどこにぶつければいいのか。そういう人たちは少数です。ごくわずかかもしれません。であれば、逆に、僕らのような無肥料栽培の農家が少数いてもいいじゃないかと確信し、自信を持って無肥料栽培を続けることができました。

少数の困っている人たちに、少数の僕らが作物を提供してあげればいいんです。それが僕らの使命でもあるわけです。もちろん、僕が作る野菜を多くの人に届けるという意味ではありません。残念ながら、僕が作る野菜の数など限界があります。しかし、多くの人が無肥料栽培を始めれば、無肥料栽培の野菜がたくさん作られることになります。だからこそ、こうやって、自分の無肥料栽培のノウハウを書きつづっているわけです。

最初に書いたように、この本は、いわゆる手順を詳しく教えるマニュアル本というよりも、自然の摂理を知ることに重点を置いて書きました。だから、実際に畑に立った時に、どのように作業していけばよいか分からない場面も出てくるかもしれません。でも、そうなったときこそチャンスです。頭の中で想像力を働かせるのです。今、読んだばかりの知識のデータベースの中で、何が今、自分のやろうとしていることに合致するのかを考えながら、作物をじっくり観察するのです。

例えば、不耕起(ふこうき)栽培の罠があります。無肥料栽培を始めると、自然農法の素晴らしい諸先輩たちが不耕起で野菜を作っているので、耕してはいけないんだと刷り込まれます。でも、そうではありません。さらに言えば、そうした自然農法や自然栽培の情報が過多で、それらが有機的に繋がらないために混乱してくることもあります。これを払しょくしないと、無肥料栽培を難しくしてしまいます。

確かに耕しますと、土の構成はいったん壊れます。しかしよく考えれば、山の中の手つかずの平地ならば、その土を壊すことはためらいますが、今、目の前にある畑は、すでに先人の手でいったん壊されている場合が多いのです。そこを耕さなければ、土は自然の力を取り戻して行きますが、そのためには、何十年、あるいは何百年という雑草の生命のリレーが必要になります。跡形もなく木々や草たちが取り除かれているのですから、そこで野菜を作ろうとするなら、人の知恵によって、復元する必要があるのです。それこそが栽培というものです。正確に言うならば、「耕すな」ではなく、「耕さなくてもよい土を作れ」ということなのです。

野菜のトラブルについても、作物を見ながら、なぜだろうと考える癖をつけ、推測する力をつければいいわけです。

ほうれん草の葉がなぜ黄色いか。なぜ植物は緑色なのかを考えます。『緑色は葉緑体の中の葉緑素である。なるほど。じゃあ、葉緑素がないのか、つまり作れないのか。葉緑素生成にはマグネシウムなどのミネラルが必要である。ミネラルが不足していて作れないのではないか。じゃあミネラルはどこにある?そういえば、草木灰の中にマグネシウム、カルシウムなどのアルカリ性の元素があった。ほうれん草はアルカリ性の土壌が好きか。であれば、土壌のpHを調べてみよう』というような推測で進めていくわけです。

こうして、推測したことを、インターネットを使って調べていけば、対策方法が浮かびます。これをマニュアル通りに進めてしまうと、他のトラブルの時には、応用が利かなくなってしまうのです。

もちろん、そうは言っても、その癖をつけるのは難しいのですが、僕は、今後も無肥料栽培のセミナーを続けていくつもりです。ですので、何か悩み、つまづき、栽培に失敗したときに、ぜひ僕のセミナーを受講してみてください。セミナーは、僕の拠点でもある岐阜県をはじめ、全国を周って行っています。ご自宅の近くのセミナーを見つけて、ぜひ足を運んでみてください。

〈著者のセミナー最新情報〉

https://www.facebook.com/yoritaka.seminar/

参考文献
横山和成　「図解でよくわかる土壌微生物のきほん」（誠文堂新光社）
稲垣栄洋ほか　「身近な雑草の愉快な生きかた」（ちくま文庫）
佐藤直樹　「しくみと原理で解き明かす植物」（裳華房）
成澤才彦　「エンドファイトの働きと使い方ー作物を守る共生微生物」（農文協）
丸山宗利　「昆虫はすごい」（光文社新書）

無肥料栽培を実現する本

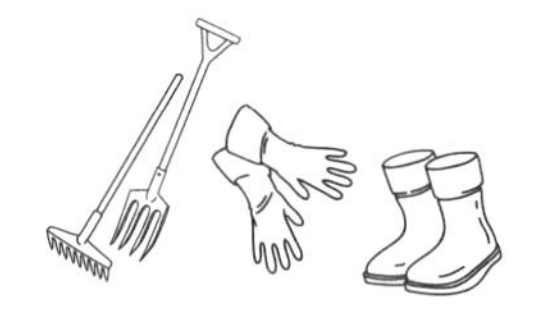

2021年 6月 1日　第1刷発行
2021年12月12日　第3刷発行

著　　者　　岡本よりたか
発 行 人　　伊藤邦子
発 行 所　　笑がお書房
〒168-0082　東京都杉並区久我山3-27-7-101
TEL03-5941-3126
https://egao-shobo.amebaownd.com/

発　　売　　株式会社メディアパル（共同出版者・流通責任者）
〒162-8710東京都新宿区東五軒町6-24
TEL03-5261-1171

編　　集　　篠田麗加
デザイン　　久慈林征樹
イラスト　　yoshiko（カバー）、篠田喜久子
撮影協力　　スマイルてえぶる（埼玉県川口市）

印刷製本　　シナノ書籍印刷株式会社

ISBN978-4-8021-3251-0　C0077

＊本書は『無肥料栽培を実現する本』（マガジンランド2017年4月刊）を復刊したものです。